中国移动通信有限公司研究院　著

U0383230

人民邮电出版社

北京

图书在版编目（CIP）数据

网动中国：解码中国互联网发展历程 / 中国移动通信有限公司研究院著. -- 北京：人民邮电出版社，2025. -- ISBN 978-7-115-65163-1

Ⅰ. TP393.4-092

中国国家版本馆CIP数据核字第2024FZ5293号

内 容 提 要

随着网络强国、数字中国战略深入落实，中国互联网实现跨越式发展，在经济社会发展中的作用日益凸显，我们需要对互联网发展的逻辑进行总结。同时，随着国际互联网环境背景和关系演变、中国互联网迈入高质量发展阶段，我们也需要对互联网发展的路径和模式进行梳理。为回答上述问题，本书从历史发展的角度出发，总结规律、研判未来，系统梳理中国互联网三十年以来发展的重大事件、发展逻辑，对发展模式进行分析，以期为广大读者提供参考和启示。

◆ 著　　　　中国移动通信有限公司研究院
　　责任编辑　赵　娟
　　责任印制　马振武
◆ 人民邮电出版社出版发行　　北京市丰台区成寿寺路11号
　　邮编　100164　　电子邮件　315@ptpress.com.cn
　　网址　https://www.ptpress.com.cn
　　北京瑞禾彩色印刷有限公司印刷
◆ 开本：787×1092　1/16
　　印张：17.5　　　　　　　　2025年1月第1版
　　字数：309千字　　　　　　2025年1月北京第1次印刷

定价：128.00元

读者服务热线：(010)53913866　印装质量热线：(010)81055316
反盗版热线：(010)81055315
广告经营许可证：京东市监广登字20170147号

在这个信息爆炸的时代，互联网已经渗透到我们生活的每一个角落，不仅改变了我们获取信息的途径，更深刻地影响着产业发展、人们生活以及政府治理等多个方面。站在互联网发展三十年的节点上，我们回望过去，不禁感慨万千。这不仅是技术的飞跃，更是文明的跃迁。

三十年前，互联网在中国还只是一个概念，一个梦想。面对基础设施薄弱、技术落后、人才短缺等重重困难，一批批政策制定者、科研工作者和企业家以及所有参与者，以超前的视角和坚定的信念，开始了中国互联网的拓荒之旅。截至2023年年底，我国备案网站数超过380万个，网民规模达到10.9亿，互联网普及率高达77.5%。

这些成就得益于中国互联网基础设施的持续建设和不断进步的技术力量，截至目前，中国已建成全球规模最大的网络基础设施和第二大的算力基础设施。互联网的普及和发展，为政府治理提供了新的平台和工具，增强了社会的透明度和公正性，推进国家治理体系和治理能力现代化，推动了产业的转型升级和创新发展，促进了生产方式、商业模式和服务模式的变革。这不仅极大地丰富了人们的生活，提高了人们获取信息的渠道和沟通效率，还提升了购物、医疗和教育等服务的质量。同时，网络安全已成为国家安全的重要组成部分，治理范围从早期的单机安全和应用安全扩展到内容、数据、基础设施和产业等多个维度的安全。

历史是一面镜子，它不仅让我们看到过去，更照亮了我们的未来。在这本书中，我们将梳理互联网三十年的发展历程，分析其对社会、经济和文化等方面的深远影响，深刻地感受它带给我们的变化。为未来中国互联网的发展提供借鉴和启示。让我们一同推动互联网技术创新，加强网络空间治理，保护用户权益，共同开创互联网的美好未来。

起源篇

第一章 | 唤醒电子计算的思维花火 | 002
第二章 | 苏美的网络较量 | 013
第三章 | 转折与成长中的全球互联网 | 018

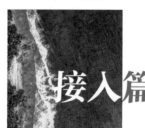

接入篇

第四章 | 跨越长城的新纪元 | 030
第五章 | 拨开迷雾，勇毅前行 | 036

基建篇

第六章 | 网络先行，骨干到接入 | 042
第七章 | 网罗天下，云端漫步 | 058
第八章 | 跨越规模，高质量发展 | 073

产业篇

第九章 | 新产业的破茧与蝶变 | 087
第十章 | 传统产业的革新与升级 | 127

CONTENTS
目录

生活篇

第十一章 | 数字生活启航远行 | 147
第十二章 | 绘就数字生活壮美图景 | 169
第十三章 | 为"一老一小"保驾护航 | 177

治理篇

第十四章 | 政务信息化建设快速推进 | 185
第十五章 | "互联网＋政务服务"体系建成 | 193
第十六章 | 数字政府建设水平全面提升 | 201
第十七章 | 数字治理建设成果惠及全体人民 | 219

安全篇

第十八章 | 基石力量——安全治理的法规建设 | 227
第十九章 | 拓展深化——动态演进及安全边界 | 235
第二十章 | 蓬勃发展——来自民族产业的力量 | 245

写在最后

后记 266

参考文献 268

附录：中国互联网三十年典型事件与关键数据 269

信息的传播、技术的应用，犹如潮水般涌动，宣告着互联网时代的到来。全球互联网的开篇和发展，深刻影响了人类社会。这是一个历史性时刻，即将翻开一个崭新的篇章。

互联网诞生于加州大学洛杉矶分校的一个古老的实验室，从这里开始，逐渐演变为全球性的信息革命。让我们一起来了解互联网的前世今生，把互联网发展的重要脉络和典型事件一一铺陈开来，寻找互联网推动社会进步和经济增长的澎湃动力。

第二章
苏美的网络较量

第一章
唤醒电子计算的思维花火

origin

第三章
转折与成长中的全球互联网

起源篇

第一章◆
唤醒电子计算的思维花火

　　人类对数字和信息的探索一直持续，从古老的结绳计数，到近现代计算机的发明，都见证了人们对计算机方法和应用的深入探索。从 20 世纪 40 年代至 60 年代，英国、美国、苏联及中国的科学家与工程师，凭借坚如磐石的信念和锲而不舍的奋斗，共同书写了计算机技术发展的辉煌篇章。20 世纪 40 年代，图灵机为计算机奠定基础。1945 年，美国发明了世界上第一台电子计算机，开启了信息时代的新纪元。与此同时，苏联在科技竞争的道路上不甘落后，在相差不到 4 年的时间，秘密研发出该国的第一台小型计算机。1958 年，苏联与中国共同研发出中国第一台电子计算机——103 机，103 机是两国科研合作的里程碑，也是中国计算机技术发展的重要起点。这些创新突破与国际合作是人类智慧的共同结晶，为此后计算机技术的发展铺就了通往信息时代的道路。

图灵机背后的天才逻辑

20 世纪 40 年代，多个国家被卷入第二次世界大战之中。在欧洲战场，德国的恩尼格玛密码机困扰着英国的情报部门。为了破解这个复杂的密码系统，英国政府召集了一批顶尖的科学家和数学家，他们聚在布莱切利园，组成了一个秘密的密码破译团队。在这个团队中，有一位年轻的天才数学家和逻辑学家艾伦·图灵（Alan Turing），他成为破解恩尼格玛密码的关键人物。

面对破解挑战，图灵不仅解决了复杂的密码难题，更基于对逻辑和计算本质的深入思考，构想出了一台革命性的机器——图灵机。图灵机的设计简洁而优雅：由一个无限长的纸带（作为存储信息的介质）、一个读写头（用于读取和写入信息）、一套控制规则（决定了机器的行为）和一个状态寄存器（记录机器的状态）组成。这台机器通过在纸带上移动读写头，按照控制规则进行操作，从而实现计算。这听起来或许并不复杂，但它背后隐藏的力量却不容小觑。通过这些部件的协同，以及一系列规则和操作，图灵机将输入信息转化为确定输出，展示了"可计算性"的强大力量。

图灵机之所以具有魔力，之所以伟大，不仅是因为它揭示了计算的本质，更重要的是，它提出了一个理论框架，这个框架具备了模拟一切计算过程的通用性能力。尽管现代计算机在功能和形态上已经远远超越了图灵机最初的设计，但它们的核心计算原理仍然根植于图灵机的理论。

艾伦·图灵

图灵测试的核心思想是通过与机器进行对话，判断机器是否能够展现出与人类相似的智能行为。你坐在计算机屏幕前，与一个看不见的对话者交谈。你们谈论天气、足球比赛，甚至是深奥的哲学问题。如果对方能够如此自然地回应你，以至于你无法区分它是人还是机器，那将是多么奇妙的体验！这就是图灵测试的魅力所在。它挑战我们对智能的传统认知，让我们思考什么才是真正的智能。

图灵机开启了计算机理论研究的先河，鼓励了很多科研人员深入探索复杂计算机科学的原理，从而推动了整个领域的发展和创新。图灵机的故事，是计算机发展史上的一个美丽篇章，是一段启发思考、激发创新的历史。它提醒我们，最简单的想法，有时候却能开启最广阔的视野。即使是最复杂的系统，也可以通过简单的逻辑构建。它的影响力至今仍在持续，影响着我们对技术的理解和应用。图灵破解恩尼格玛密码及发明图灵机的故事在 2014 年被拍成电影《模仿游戏》，并于 2015 年获得奥斯卡最佳改编剧本奖。

第二次世界大战后，图灵在研究计算机科学的过程中提出了著名的"图灵测试"。

图灵于 1950 年发表论文《计算机器与智能》，并提出了那个划时代的问题——"机器能否拥有人类智能？"直至今天，这仍然是人工智能领域的核心议题。图灵给出了答案的线索——通过计算机程

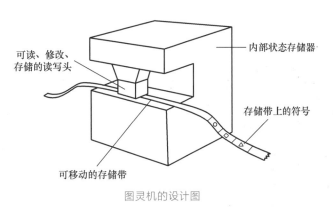

可读、修改、存储的读写头

内部状态存储器

存储带上的符号

可移动的存储带

图灵机的设计图

序模拟智能行为。这启发了后来的科学家们去开发各种算法和模型，试图让机器学习、适应，甚至创造。这些研究推动了人工智能领域的飞速发展，也让我们对智能的本质有了更深的理解。

图灵的问题是对机器智能及实现路径的重大探索，更是在哲学上的深刻追问。智能是否可以被量化或测试？图灵提出的方法是通过对话来评估机器是否能够模仿人类的智能行为。但这是否意味着通过了图灵测试的机器就真的具有智能呢？或者，它们只是擅长模仿游戏的高手？我们是否应该给予它某种形式的权利或地位？这些问题引导我们思考智能的真正含义，以及机器是否能够拥有与人类相似的意识和情感。

现在，随着技术的进步，人工智能已经开始在各个领域发挥作用，从医疗诊断到自动驾驶。当我们谈论人工智能时，已不再局限于图灵测试的理论。我们讨论的是更复杂的机器学习、深度学习、神经网络技术以及人工智能的未来，这些都是图灵理论的延伸和发展。图灵的思考激发了我们对智能的无限想象，也让我们对未来充满了期待。

电子巨人的
诞生

　　1945 年，世界第一台电子数字积分计算机——ENIAC 成功问世，它的诞生标志着电子计算机时代的到来。

　　ENIAC 的研制成功源于美国宾夕法尼亚大学约翰·莫克利（John Mauchly）和约翰·普雷斯珀·埃克特（J. Presper Eckert）这两位年轻科学家的"先见之明"——将电子管作为 ENIAC 的逻辑元件。当时，电子管"横空出世"，是电子技术领域的最新发明，电子管能够放大和调制微弱的信号，这引起了莫克利和埃克特两位科学家的关注。他们试图将控制信号的电子管制成运算机器，用电力驱动计算机。尽管电子管存在发热和寿命短等弊端，莫克利和埃克特通过多次试探和调整，最终使用数万个电子管和各种电路，搭建起一个实现加、减、乘、除等基本数学运算的机器，这就是史上第一台电子数字积分计算机——ENIAC。

ENIAC 体积庞大，重达 30000kg，占地 170m²，足有两个教室那么大，两层楼那么高。如此巨型的计算器，整台机器用了 17468 根电子管，耗电量达到 150kW·h，相当于同时使用 170 台微波炉。当然，不愧于其庞大的体积和耗电量，ENIAC 在第二次世界大战期间解决了许多问题，它为飞机和火箭计算设计参数，以确保打击的准确性，还为氢弹的发明和仿真方法学的创立做出了不可磨灭的贡献。与咯吱作响慢悠悠运作的齿轮相比，采用 17468 根电子管的 ENIAC 的计算速度是手工计算的 20 万倍，是当时最先进的机械计算机的数十倍；ENIAC 还具备乘法、除法和平方根的计算功能，是一台跨越了机械计算器、加法机和电子计算机等多个历史节点的机器。

但与此同时，ENIAC 的功耗过高，体积又如此庞大，想将其普及"人手一台"还有很长一段路要走。显然，ENIAC 无法为人类创造预想中的未来。然而，ENIAC 作为计算

世界第一台电子数字积分计算机——ENIAC

机发展历程中的里程碑，为后续计算机技术的进步奠定了坚实的基础。在 ENIAC 成功的基础上，后续多种应用的计算机得以发展，并推动了计算机技术的飞速进步。例如，1951 年，第一台商用计算机系统 UNIVAC I 诞生，标志着计算机技术开始进入商业应用阶段。1956 年，IBM 推出了首台商用计算机——IBM 701，该机型采用了更先进的电子管技术，提供了更高的运算速度和更强的处理能力。ENIAC 不仅为计算机技术的发展指明了方向，而且勾画出计算机行业的未来蓝图。

冯·诺依曼
的构想

　　20 世纪中叶，一场关于智慧和机器的变革正在悄然兴起。第二次世界大战的硝烟尚未完全散去，世界第一台电子数字积分计算机 ENIAC 的成功，已经在宾夕法尼亚大学引起了轰动。ENIAC 虽然强大，但它的设计却存在着明显的局限性。由于它使用的是十进制系统，而且编程过程烦琐，每次使用需要通过重新连接电缆来完成，这使 ENIAC 很难实现规模生产和广泛应用。

　　在此期间，一位名叫约翰·冯·诺依曼（John von Neumann）的匈牙利裔美国数学家、物理学家作为顾问加入 ENIAC 项目，并为项目组提供了许多建设性意见。冯·诺依曼基于 ENIAC 的设计缺陷，提出了一种全新的计算机架构——改进十进制系统，将其变成仅用 "0" 和 "1" 两个简单的符号来表示的二进制系统，该系统同时可以存储程序，避免了重复编程。冯·诺依曼与他的同事们，包括 ENIAC 的设计者之一普雷斯伯·埃克特（J.Presper Eckert）着手这个伟大的构想，将其起名为 "冯·诺依曼结构"。这种结构的核心思想是将程序和数据存储在一起，这样计算机就可以按照事先存储好的程序指令顺序执行，大幅提高了计算机的灵活性和效率，形成了 "存储程序控制" 的概念。

　　为了改变 ENIAC 不能编程的缺陷，并实现冯·诺依曼结构中的所有理念，冯·诺依曼提出设计新的计算机项目——EDVAC（电子离散变量自动计算机）。EDVAC 的核心概念是 "存储程序"，它使用了二进制系统，拥有更加灵活的算术逻辑单元，同时满足数据与程序 "并行"。这是一种前所未有的计算机设计。团队成员们必须解决许多技术难题，包括如何制造稳定的电子管、如何设计可靠

右侧为冯·诺依曼

的存储器，以及如何编写高效的程序。经过数年的努力，EDVAC 终于在 1952 年投入运行。EDVAC 的成功不仅证明了冯·诺依曼结构的有效性，而且后来几乎所有的现代计算机都采用了冯·诺依曼结构，这一结构成为计算机设计的标准。令人意想不到的是，冯·诺伊曼把 EDVAC 的原创权公正无私地给予了图灵，他曾多次强调，计算机中那些没有被数学家查尔斯·巴贝奇（Charles Babbage）预见到的概念都应该归功于图灵。

有人问 EDVAC 和 ENIAC 的本质区别是什么？追其根本，EDVAC 能够使程序和数据等同处理，从而衍生出"软件"的概念，这就是 EDVAC 与 ENIAC 的本质区别。后来，有关 EDVAC 的报告很快被英国数学家道格拉斯·哈特里（Douglas Hartree）带到英国，剑桥大学和曼彻斯特大学同时对 EDVAC 开展研发。曼彻斯特大学造出的 Manchester Baby 被公认是最早的存储程序计算机。

MESM：冷战背后的秘密制造

在冷战初期的科技竞赛中，苏联与美国展开了激烈的角逐。在太空探索领域，苏联取得了显著的成就，包括首次将人类送入太空、发射金星和火星探测器等多个"第一"，这些成就展示了苏联在航天技术方面的领先地位。随着新一轮的技术竞争焦点转向了个人计算机技术领域，苏联和美国再次展开了较量。

ENIAC 的问世引起了苏联领导层的极大关注，他们意识到英美两国已经利用这种高效的人造计算机器来提升其技术能力。为了保持在世界舞台上的军事和技术优势，苏联政府决心迎头赶上，全速发展自己的计算机技术，充分挖掘电子计算机带来的潜在收益。1948 年，苏联在乌克兰的敖德萨秘密成立了一个研究机构。该机构的任务是秘密研发苏联的第一台电子计算机——MESM，它的诞生标志着苏联在计算机技术领域的重大突破，也是其对美国在电子计算领域领先地位的直接回应。MESM 运算能力虽然比 ENIAC 稍逊一筹，但因为其减少了 65% 的电子管，大幅提升了耐用性。对苏联而言，MESM 的研制过程充满了艰辛，面临电子管短缺、电力供应不稳定、技术资料匮乏等问题，MESM 的诞生使苏联在计算机技术领域取得了重要进展，后续推出了大规模电子计算机——BESM 系列。BESM 一共有 6 种型号，从最先使用电子管到后续使用晶体管，逐步进化，并在 BESM-6 后创造出"厄尔布鲁氏"，作为一系列超级计算机系统，其规模与美国的 SPARC 系统旗鼓相当。20 世纪 50 ～ 60 年代，苏联计算机产业始终秉持"做自己的技术标准，走自己路"的产业发展思路，MESM 恰好是这一思路下的重要代表性产物。

20 世纪 70 年代后期，美国经历了个人计算机领域的一场革命，而苏联则无法跟上同样的变化速度。当时，美国人已经发展出 Commodore、TRS、Apple 和其他类型的计算机。而直到 1983 年，苏联都没出现类似的情况。

苏联第一台计算机——MESM

中国103机：我们也"有了"！

20世纪50年代，中国正处于社会主义建设的关键时期。为了实现国家现代化，我国政府高度重视科学技术的发展，特别是计算机技术。然而，当时国内的计算机学科还是一片"荒地"，不仅缺乏相关的技术，也没有充足的人才储备。就在当时，我国数学家华罗庚暗暗在心中埋下一个梦想：中国要研制出计算机。

1951年，华罗庚担任中国科学院原数学研究所所长，组织闵乃大、夏培肃、王传英三位青年学者建起一支年轻的"开垦队"。然而，当时的技术积累和人才储备不足，想要开展电子线路实验实在是太困难了。中国科学院举全院之力，将院属各单位电子学方面的人员统一安排到中国科学院物理研究所开展工作，队伍大幅壮大的计算机小组搬进了"中关村第一楼"——原子能楼里，经过全院科研力量集中攻关，示波管、储存器和基本逻辑电路试验取得成功。

1956年，中国科学院计算技术研究所（以下简称"计算所"）筹备委员会成立，华罗庚担任筹备委员会主任，阎沛霖担任副主任，后被任命为第一任所长，中国科学院有组织、成系统地开展攻关。他们按照"先集中，后分散"的原则，将此前在物理研究所和数学研究所布局的20多人的工作小组全部划归计算所，又陆续在全国范围内抽调了一批专业人才。

为尽快掌握整机技术，科学家们提出了"先仿制后创新，仿制为了创新"的思路。1956年9月，我国派出高级专家考察团去苏联，M-3小型计算机走进他们的视野。1957年4月，中国科学家获得了相关的图纸资料，不久，计算所在租用的西苑旅社客房里宣布M-3工程组成立。来自全国各地、各单位的科研人员开始研制属于中国的M-3机小型计算机（后改名为103机），光靠图纸和资料是远远不够的，亲自实践后的种种技术问题浮出水面，研制工作仍需要从零开始。为了让我国第一台计算机尽早"出世"，计算所召开了"打擂台"大会。

经过对研制和生产进度的不断调整，1958年7月底，中国成功完成了第一台计算机——103 机的调试工作，这比预定计划提前了五个月。这台计算机使用了 800 个电子管、2000 个氧化铜二极管和 10000 个阻容元件，整机包含 10000 个接触点和 50000 个焊接点，共生产了 49 台。作为中国第一台小型电子管数字计算机，中国科学院副院长张劲夫在观看了 103 机的运算演示后，赋予了它一个亲切的昵称——"有了"，以表达中国计算机时代的开启。

1958 年 8 月 1 日，103 机在八一建军节"闪亮登场"，代表科技界献礼，并将"103 机"命名为"八一型"计算机。《人民日报》在报道中写道："我国计算技术不再是空白学科。"

曲阜师范大学图书楼里的 103 机

从图灵机的理论奠定，到 ENIAC 揭开计算机时代的序幕，经过无数科学家不懈地努力，计算机如今已成为一门复杂的工程技术科学。回望这些最初的尝试，我们不仅看到了计算机技术一路走来的艰辛，也看到了人类探索未知的勇气。每一个伟大的发现，都始于一个简单的问题或一个大胆的想法。如同夜空中闪烁的星辰，指引着我们前行。那些早期的计算设备，虽然功能有限，但它们却是人类智慧的结晶，是我们今天个人计算机甚至超级计算所依赖的技术基础。如果没有这些探索，我们现在或许还在依赖手工计算，用算盘和纸笔来解决复杂的数学问题。这些探索不仅仅是技术上的突破，更是对未知世界的好奇与渴望。正是这些最初的尝试，搭建了从梦想到现实的桥梁，让我们能够在信息时代自由翱翔。

第二章◆

美 苏 的 网 络 较 量

计算机的出现极大地提高了信息处理的能力，但单一计算机构筑的"信息孤岛"限制其潜力的发挥。为了实现信息的共享和交换，网络成为计算机技术发展的必要条件，使计算机的功能得以延伸和扩展。在冷战期间，美国和苏联都意识到网络技术在信息战中的重要性，并分别进行探索。美国通过 ARPANET 项目成功搭建了世界上第一个运营的包交换网络，而苏联则由于技术路径、经济发展等原因，在网络探索上未能取得显著进展。这最终拉开了两国在信息技术领域的差距。

OGAS：
探索与挑战

1962 年，一封来自苏联共青团的年轻科学家们的联名信，被直接交到赫鲁晓夫手中。

这封长达 15 页的信中提到——同美国相比，苏联信息技术落后，需要迅速提高。据苏联《消息报》报道，在总时长达 45 分钟的会议上，政治局委员们花了 35 分钟讨论信中提到的问题，并提议建一个苏维埃互联网，名为"为了统计、计划、管理苏联的经济而建立的收集和处理信息的全国自动化系统"，简称为 OGAS。

1962 年，被誉为"苏联计算机科学的之父"的苏联科学院院士维克托·格鲁什科夫提出了关于 OGAS 的构想。他设想建立一个全国性的计算机网络，这个网络可以将苏联的科学研究、工业生产和行政管理系统紧密连接在一起，旨在提高国家管理的效率和水平。

格鲁什科夫曾提出要花费三十年来打造 OGAS 这张巨大的网络。他设计的 OGAS 是一个具有三级网络、各级别相互关联的网络结构：可想而知，第一级必然位于首都莫斯科，作为 OGAS 的网络中心，具有掌控全局的功能；第二级则连接了苏联 200 个主要城市；第三级则将分散于经济重要地区的 2 万个本地终端连接起来。这样从第一级的一个中心连接到第二级的 200 个中心再连接到第三级的 2 万个中心，层层扩散下去，织成了一张巨大的网络，各个终端设备之间可以互相通信，互相传递信息。格鲁什科夫的愿景是创建一个信息处理"大脑"，它类似于人体的神经系统，能够快速、有效地处理和传输信息。格鲁什科夫曾预言："一个信息管理系统的对象越大，其经济效力越大。"他提出，只要构建起 OGAS，当年的经济效益就能实现 1000 亿卢布。1963 年，苏联政治局通过决议：利用 OGAS 推行全面经济改革。

然而，OGAS 项目并没有想象得那么顺利，由于整个工程耗费巨

大，需要30万名工程师，前15年需要花费至少200亿卢布。庞大的资金和落后的技术，使这个项目进展缓慢。尽管格鲁什科夫和其他科学家们努力推动，但在1970年10月，他们提出的经费申请遭到拒绝，导致该计划未能付诸实践。其实，在1971年召开的苏共第二十四次代表大会上，OGAS本有希望得到批准，但大会最后决定，只在地方小范围进行信息管理系统试验。由于OGAS是一个系统性工程，小范围的试验很难实现预期的效果，直到20世纪70年代末，OGAS仍然处于试验阶段，未能实现全国范围内的部署。OGAS有一个比较大的缺陷就是：需要整个系统全部完成，才能产生价值。仅进行小范围的部署很难使其达到预期目标，所以在发展的道路上，不仅需要先进的技术支撑，能够将宏观的、全局的规划及时、有效地解构、拆分，而且执行也是非常重要的。

ARPANET：创新与突破

1969 年 10 月 29 日 22 时 30 分，"ARPANET"发送了史上互联网传输的第一条信息——两个耐人寻味的字母"lo"。最初为了发送世界上第一条互联网信息，本是想要输入登录的单词——"login"，但在输入字母"g"时，连接中断了。所以，"lo"是互联网雏形"ARPANET"向世界验证的第一条信息。

ARPANET 的传奇历程始于 20 世纪 50 年代，这是一个科技革新的时代，美国在计算机科学领域取得了突破性进展。美国并不满足世界第一台电子数字积分计算机——ENIAC 的功能和效率，将研制计算机的注意力从电子管转向了晶体管。1947 年，美国贝尔实验室推动了第一块锗晶体管的诞生。1954 年，美国贝尔实验室又制备了第一块硅晶体管。1958 年，美国德州仪器制作出小规模集成电路，它的问世为计算机的小型化和性能提升开辟了新的道路。"晶体管＋小规模集成电路"的技术搭配不仅为计算机科学带来了革命性变革，也为美国打开了探索计算机网络的大门。在创新浪潮的激荡中，1958 年 2 月，美国国防部建立了一个名为高级研究计划局（Advanced Research Project Agency，

ARPA）的机构，这个机构肩负推动国防与高科技研究的使命。

1969 年年底，作为 ARPA 的一项计算机网络研究项目，ARPANET 正式诞生并投入使用。考虑到不同类型主机联网的兼容性，这个项目最初选择了加利福尼亚大学洛杉矶分校、斯坦福大学、加利福尼亚大学圣塔芭芭拉分校和犹他大学这 4 所大学为节点，节点间实现相互连接。同时，ARPANET 采用了包交换机制，这种机制的创新点在于允许数据像邮件一样在网络中被独立地封装和传输，这样能够极大地提高通信的可靠性和效率。包交换机制不仅在当时引起了轰动，更在接下来的几十年里，在固定宽带、移动通信、在线服务等方面实现高效、可靠地传输数据，该机制已成为互联网技术的基础。

ARPANET 的最初目的是在军事研究机构之间共享资源和信息。ARPANET 的构想和设计是为了保证网络能够经受住任何故障的考验，并维持正常的通信工作。但 ARPANET 最初只满足在 4 个节点之间传输数据，因此使用的网络控制协议相对简单。随着网络的发展和扩大，为了支持更多的用户和网络，ARPANET 的设计者们意识到，需要一个更灵活、可扩展的协议。因此，ARPANET 为互联网又做出了一个重大的贡献——推动 TCP/IP 协议簇的开发和利用。

20 世纪 70 年代中期，温顿·瑟夫（Vinton G. Cerf）和罗伯特·卡恩（Robert Kahn）共同设计出具有高度的兼容性和可扩展性的 TCP/IP 协议簇，它允许任何遵循 TCP/IP 的网络设备无缝地连接到互联网。1983 年，ARPANET 正式转向使用 TCP/IP，这一转变标志着互联网的真正诞生。随着 TCP/IP 的引入，ARPANET 不再是一个封闭的军事或科研网络，而是一个开放的网络，能够连接全球的计算机和网络。这一转变不仅是因为 ARPANET 可以支持更多的非军事应用，例如商业、教育和政府通信，还因为 TCP/IP 提供了一种通用的网络语言，使不同类型的网络和计算机能够相互通信。在 TCP/IP 的推动下，新的网络技术和服务不断涌现，例如电子邮件、文件传输和万维网等。

1990 年，ARPANET 正式退役。它的许多功能和架构已经被更先进、更高效的互联网技术取代。然而，ARPANET 开创的分布式网络架构、包交换技术和网络中立性原则仍然是现代互联网的核心。ARPANET 的 4 个节点及其链接，已经具备网络的基本形态和功能。所以，ARPANET 的诞生通常被认为是网络传播的"创世纪"。

第三章◆
转折与成长中的全球互联网

自互联网诞生以来，它的发展历程中涌现了众多具有划时代意义的"第一"：从第一个商用网络的建立，到第一个万维网的上线；从第一个全球互联网协会管理组织的成立，到第一个电子商务网站的运营。这些互联网发展的里程碑不仅标志着技术的飞跃，更是人类文明进步的重要节点。回顾这些关键的历史时刻，探讨它们如何塑造我们今天所熟知的数字世界，并分析这些里程碑事件对全球互联网发展所产生的深远影响，有助于我们可以获得更全面的理解，从而更好地认识和领会互联网的本质及其对社会的影响。

NSFnet
成功接棒

　　1984 年，美国国家科学基金会（National Science Foundation，NSF）做出了一个改变互联网历史的决定：建立一个更快速、更高效的网络——NSFnet。这个决定源于ARPANET 日渐无法满足因互联网发展对网络速度和效率提出的更高要求，已经迫切需要新的网络部署来满足各领域的用网需求。

　　1986 年，NSFnet 开始组建，短短五年间，它经历了从概念到正式运行，并迅速发展成熟。1990 年，NSFnet 最终取代了 ARPANET，成为新的互联网主干网。NSFnet 的设计同样基于 TCP/IP 的标准，这使 NSFnet 不仅连接了大学和政府机构，还将私人科研机构纳入了其广阔的网络之中。这种开放和包容的态度，使 NSFnet 迅速扩展成为全球最大的广域网之一。NSFnet 采用了分布式结构和高速传输技术，这些技术的应用大幅提高了网络的性能和可靠性，使得用户以前所未有的速度和可靠性传输数据。

　　NSFnet 作为第一个商业公众互联网的主干结构，为科研和教育领域提供了强大的网络支持。同时，NSFnet 还标志着互联网从军用到民用的转变，打开了互联网向公众和商业领域开放的大门。

万维网：让互联网
"飞入寻常百姓家"

在互联网的早期，信息的世界仿佛是一座座"孤岛"，每个系统都以自己的方式来组织和管理数据。直到 1989 年，欧洲粒子物理研究所的计算机科学家蒂姆·伯纳斯·李（Tim Berners-Lee）提出了一个伟大的构想：创建一个全球性的信息空间，让每个人都能轻松地分享和访问信息，这个梦想最终成为我们今天熟知的万维网（World Wide Web，WWW）。

任何一个伟大的作品都是从一砖一瓦慢慢堆砌而来的，实现让全球信息通畅互联的梦想并不容易，李选择了先从互联网上的文档连接做起。他通过设置超文本，允许用户通过点击链接在多个文档之间"跳跃"，进而获得多个文档信息。这个想法的关键在于，每个文档都需要包含指向其他文档的链接，从而创建一个多文档相互连接的网络。为了实现这个超文本网络，李构思并推动形成了 3 个关键技术：一个作为创建网页的标准语言——超文本标记语言（HyperText Markup Language, HTML），一个作为定位网络上文档的地址系统——统一资源定位符（Uniform Resource Locator, URL），以及一个作为网页服务器和浏览器之间传输数据的标准协议——超文本传输协议（Hypertext Transfer Protocol, HTTP），其中 HTTP 十分简单和可靠，通过该协议能够处理各种类型的数据，并成为万维网能够快速扩展和普及的关键。

万事开头难，随着互联网文档连接的成功，李开始了下一步的探索。1990 年 12 月 25 日，李选择了在这个圣诞节启动第一台万维网服务器，这是一个比较简单的网页浏览器，允许用户访问和浏览他创建的几个网页。这几个网页不仅包含信息，而且还包含指向其他网页的链接，充分利用了超文本的强大功能，实现了信息互联互通。万维网的出现和 HTTP 的发明是相辅相成的。万维网提供了一个结构化的网络来组织和链接文档，而 HTTP 则是这个网络能够运作的血液，它确保了数据的流动。这两者的结合彻底改变了信息共享的方式，使任何人都可以轻松地创建和发布内容，同时让全球的用户都能够访问这些内容。

事实上，李对万维网的设计和发明并没有立刻引起人们的关注，也没有立刻得到传播。直到 1993 年 4 月 30 日，欧洲粒子物理研究所将万维网软件开源，发布了一个开放式许可证，使万维网得到最大化的传播。在 20 世纪 90 年代中期，马克·安德森（Marc Andreessen）和吉姆·克拉克（Jim Clark）在 Netscape（网景通信公司）推广商业网页浏览这一概念后，万维网的应用才开始真正爆发。

驶向未来的信息高速公路

20世纪90年代初，美国科技工作者预见到一个新时代——信息时代。他们意识到，传统的通信基础设施将无法满足未来数据传输的需求。电话线虽然能够传输声音，但对于日益增长的数据传输需求来说，传输速度还是太慢，传输容量还是太小。因此，1993年9月15日，美国正式宣布实施"国家信息基础结构行动计划"，俗称"信息高速公路"计划，旨在建设一个全国性的高速通信网络。

"信息高速公路"计划始于1993年，时任美国总统比尔·克林顿（Bill Clinton）和副总统阿尔·戈尔（Albert Arnold Gore Jr.）提出了这个雄心勃勃的计划，他们预计用20年时间耗资4000亿美元来完成这个计划。阿尔·戈尔曾主张把所有公用的信息库及信息网络连成一个全国性的大网络，把大网络接到作为用户的所有机构和家庭中去，从而让文字数据、声音、活动图像这三类形态的信息能够在大网络中交互传输。

这听起来仿佛与格鲁什科夫的OGAS构想如出一辙。与其不同的是，在实施该计划的过程中，美国政府大力支持，预计投入了数十亿美元用于建设网络，光纤和电缆被铺设到全国各地，无线通信基站也遍布城市和乡村。随着网络的逐步完善，互联网开始进入美国的千家万户。

美国选择在1993年推出这个计

划具有一定的时代背景，美国开始从"星球大战"等用于军事领域的高科技计划中解脱出来，并把目标转向以民用为主的"信息高速公路"计划。美国政府认为，这个计划将有助于缩小城乡差距，提高国民的生活质量，并推动美国在全球范围内的竞争力。

不仅如此，"信息高速公路"计划使美国的电子商务、在线教育和远程医疗等新兴领域得到快速发展，也根本性地改变了人们的生活、工作和学习方式。同时，"信息高速公路"计划激发了日本、法国、英国、加拿大、新加坡和韩国等国家制订自己的信息发展计划，引发了全球性的建设信息基础设施的热潮。世界各国纷纷开始建设自己的高速网络，全球互联网用户数量迅速增长。建设信息基础设施极大地促进了信息的流动，为互联网的形成和发展奠定了基础，进步让世界变成地球村。

国际互联网协会的使命

随着互联网的快速发展，一些问题开始显现：如何保持互联网的开放性？如何确保所有人都能平等地访问和使用互联网？此时，互联网急需一个全球性的组织作为"代言人"和"监护人"。

1992年，互联网的发展迎来了一个历史性的转折点。被誉为"互联网之父"的温顿·瑟夫提出一个极具管理意义的建议——成立国际互联网协会（Internet Society，ISOC）。这一组织的成立标志着互联网的发展开始从技术驱动阶段同步迈入注重治理和推动普及的新阶段。

作为一个非政府、非营利的行业性国际组织，ISOC 通过各种会议、研讨会和出版物，为互联网的政策制定者、技术专家和普通用户提供了交流的平台。通过这些活动，ISOC 推动了互联网技术和政策的国际对话，促进了全球互联网社区的形成。ISOC 还致力于推动互联网的普及和教育。它支持各种项目，帮助发展中国家建立互联网基础设施，提供互联网技术和政策培训。这些项目不仅帮助这些国家的人们获得了访问互联网的机会，还提高了他们使用互联网的技能。ISOC 逐渐成为全球互联网社区的重要组成部分，它的存在不仅保证了互联网的开放性和中立性，还为全球互联网用户平等地享受互联网成果提供了保障。

Yahoo！
的起与落

1994 年，杨致远和大卫·费罗（David Filo）在斯坦福大学的校园里创立了一个将会改变世界的小项目——雅虎（Yahoo!）。两个年轻人选择 Yahoo！这个名字是源于不久前读到的《格列佛游记》中的一个虚构生物，他们给这个英文单词提供了全称——"Yet Another Hierarchical Officious Oracle（另一种非官方层级化体系）"。从名字上就不难看出，两个年轻人对 Yahoo！给予了很高的期望，希望它与众不同、希望它别具一格。

事实也是如此，Yahoo！曾作为门户网站的鼻祖，"手握打开新时代大门的钥匙"，开创了互联网领域许多新服务，并引领了许多后来成为互联网主流的新功能，譬如电子商务。

Yahoo！的前身被称为"杰瑞和大卫的万维网指南"，本意是给斯坦福大学的学生上网提供方便，因为当时的网址颇多且杂乱不堪，他们通过筛选一大批实用和优质的网站，并将这些网站汇聚一起，做成一个类似图书馆索引的大网页，大幅提高了搜索和查询的效率。该"指南"一经推出就被列为上网必备，并流向了周边的大学，导致学校的服务器超负荷运转。斯坦福大学勒令杨致远和大卫·费罗将"指南"搬出去运营。两个年轻人"误打误撞"地开启了创业之路。他们认为"指南"最初的目的是为用户免费提供优质内容，免费、优质是招牌，不能改变，那么利润从何而来呢？他们提出了一种新模式：用户免费、广告收费，并在该模式上将"指南"改名为"Yahoo！"。

1995 年 1 月，雅虎界面点击量超过 100 万次，同时获得红杉资本和日本软银 100 万美元的投资，与此同时，超高的用户访问量也吸引了大量的广告投放商，雅虎开始通过销售广告来盈利。1996 年，雅虎上市，发行当日从发行价 13 美元涨到 33 美元，市值 8.1 亿美元，1997 年，雅虎的广告业务收入超 7000 万美元。最初的雅虎主要以目录型页面为主，通过手工编辑组织和管理互联网的信息内容。随着雅虎上市，用户需求日益增长，雅虎开始提供结构化的、易于导航的目录服务，它开始大量招聘人员，仍然采用人工编辑的方式，将网站按照主题和类别进行分类，使用户能够更容易地找到他们感兴趣的内容。此外，雅虎还努力扩展其服务范围，相继推出了电子邮件服务（Yahoo Mail）、搜索引擎服务、即时通信服务（Yahoo Messenger）、新闻聚合（Yahoo News）、财经信息（Yahoo Finance）和个人定制化的内容（My Yahoo），这些服务不仅增强了用户黏性，也使雅虎成了一个综合性的互联网门户网站。

曾经享受互联网巨大红利的雅虎，在机遇的浪潮中崛起。然而，随着时间的推移，它也在同样的机遇中逐渐衰败。在取得初步成功后，雅虎将视野扩展至海外，开始积极地在全球范围内布局其业务。尽管如此，它的搜索技术却始终停留在目录搜索的阶段，未能与时俱进。与此同时，擅长算法搜索的 Google 悄然崛起，其高效的搜索能力逐渐凸显了雅虎在技术更新上的短板，尤其是在其不断扩张的过程中。另外，雅虎的衰败不仅在于没有开发搜索引擎，还因其错失投资良机。雅虎曾有机会用 100 万美元收购 Google 的核心技术——网页排名（PageRank），但是因为忙于全世界"圈地"，再到收购时，Google 的所有者报价已变成 50 亿美元。当时的雅虎 CEO、职业经理人特里·塞梅尔（Terry Semel）对当时的搜索引擎业务持保守态度，由于报价过高则转头以 2.35 亿美元收购了排名第二的搜索公司。这无疑是"放虎归山"，Google 不久后在搜索结果中推出了竞价排序广告，也采用了雅虎的"用户免费、广告收费"的模式。在解决盈利渠道后，Google 也成功上市。

2005 年，雅虎的收益增长开始减缓，门户网站模式被各大网站竞相模仿。在搜索市场上，退而求其次收购的搜索公司 Inktomi 和 Overture 并不足以与 Google 相争，Google 在搜索市场所占的份额逐渐扩大。此外，随着社交媒体和移动设备的兴起，雅虎在应对这些新趋势方面也显得缓慢。最终，2017 年，美国通信公司 Verizon 以 48 亿美元收购了雅虎互联网核心业务，此后雅虎在互联网市场再无一席之地。

线上购物时代来临

成立于 1995 年的 eBay，不仅是最早成立的电子商务网站之一，而且被誉为 C2C（顾客对顾客电子商务）电商模式的先驱。

这个网站是由一位名叫皮埃尔·奥米迪（Pierre Omidyar）亚的年轻人在美国加利福尼亚州的家中创立的。eBay 的初衷非常简单：创建一个平台，让个人和小型企业能够轻松地出售和购买各种商品。这个想法非常适合普通大众，所以很快得到了人们的认可和欢迎。eBay 提供了一种全新的购物体验，成功打破了传统零售的地理界限，让买家和卖家在全球范围内进行交易。

eBay 的拍卖模式成为其最大的亮点。它允许用户对商品进行竞价，这种模式不仅增加了购物的趣味性，还为商品创造了公平的市场价值。很难想象，在这里拍卖交易的第一个产品是奥米迪亚已经用坏了的激光指引

笔。此外，eBay 还提供了"一口价"购买的服务选项，使那些不愿意等待拍卖结束的用户可以直接购买商品。起步时的 eBay 只有一间简陋的办公室和两名员工，随着时间的推移，凭借着其独特的商业模式，eBay 迅速发展成为一个全球性的电子商务巨头。2001 年，eBay 的交易总额达 90 亿美元，占全球电商总额的 20%。它的注册用户数量迅速增长，2002 年已拥有 3700 万用户。提供的商品种类也变得非常丰富，从稀有邮票到二手汽车，几乎无所不包。一直以来，eBay 都是电子商务领域成功的典范。eBay 的成功离不开它的商业模式，美国民众在周末热衷于旧货买卖，基于这样的消

费习惯，简单方便、物品繁多且超越了地域限制的网上旧货拍卖"直击人心"。与此同时，eBay 还建立了一个可以进行反馈的体系，通过引入用户评价系统，让买卖双方可以根据交易历史和评价来决定是否进行交易，这在当时是一个革命性的概念。

eBay 的创建标志着互联网上首个大规模、以用户为中心的在线交易市场的诞生。它不仅改变了消费者购买商品的方式，还引发了全球范围内的效仿，为后来的电子商务平台和在线零售商提供了灵感和发展动力，为电商企业如亚马逊（Amazon）和阿里巴巴（Alibaba）等提供了参考。eBay 还影响了全球经济和商业结构，它为个人和小型企业提供了进入全球市场的机会。

自计算机诞生以来，互联网的发展经历了从军事应用到民用普及的转变，网络协议、万维网、网络服务应用的诞生标志着信息时代的到来。互联网促进了信息的全球化流动，缩小了地理距离，为人类提供了前所未有的新体验。

2006 年，中央电视台推出了一部风靡全国的历史题材纪录片《大国崛起》。《大国崛起》的热映反映出国人对中国崛起的信心与期待。如今回过头看，在中国蓬勃崛起的过程中，互联网无疑发挥了重要作用。中国互联网时代源于 20 世纪八九十年代中国对互联网历经坎坷的逐步接入。回首往昔，三十多年前中国积极接入的并不只是一项新颖的技术，更是一个未知的时代，在这里机遇与挑战并存。如同《大国崛起》在描述葡萄牙的崛起以及大航海时代到来时，指出在葡萄牙最南端的罗卡角曾刻有一行诗句："陆地在这里结束，海洋从这里开始。"罗卡角就是已知陆地接入未知海洋的地方。相比陆地，海洋充满新的未知，但也充满新的机遇，互联网亦是如此。随着积极接入互联网，中国主动迎来了自己的互联网大航海时代。

第四章

跨越长城的新纪元

Access

第五章
拨开迷雾，勇毅前行

接入篇

第四章◆

跨越长城的新纪元

20世纪80年代,中国互联网的发展尚处于萌芽期。这一时期,互联网的影响力已悄然显现,蕴含着人们对信息世界的憧憬、与外部世界交流的渴望。1987年,中国第一封电子邮件的成功发送,标志着我国在互联网领域迈出了坚实的一步。此后,科技的不断进步和社会需求的日益增长,我国政府高度重视互联网的发展,与国内外学界紧密合作,共同推进互联网技术的研发与应用。经过数年的不懈努力,我国终于在1994年实现了全功能接入国际互联网,不仅为我国的信息产业发展奠定了坚实基础,也为全球互联网的发展贡献了中国力量。

第一声
数字问候

在北京市海淀区车道沟 10 号院中，一座小楼掩映于葱郁树木之中，宛如一位历史的守望者，静谧而威严。这里是中国兵器工业计算机应用技术研究所。这里的每一块砖石，每一片树叶，都沉浸着那个年代的辉煌与荣光，骄傲地述说着一段非凡的历史。1987 年 9 月 20 日，我国的第一封电子邮件从这里启程，飞越了长城，向国际互联网发出了问候，西方世界第一次通过互联网听到了来自中国的声音。

鲜为人知的是，这封简单的邮件承载了许多位国内外专家学者不懈的努力。据时任中国兵器工业计算机应用技术研究所所长李澄炯博士回忆，20 世纪 80 年代，中国面临着技术封锁的困境，无法获得高端设备和关键技术。然而，这并没有阻止中国科研人员的脚步。我国专家学者利用仅有的几台西门子大型计算机——为数不多不在发达国家禁售清单的计算机设备，开始了艰难的探索之路。研究人员持续改良设计方案，反复进行实验。尽管如此，计算机软硬件的兼容问题依旧棘手，如同一道顽固的障碍，考验着他们的智慧与毅力。

1987 年 7 月，德国卡尔斯鲁厄大学维纳·措恩（Werner Zorn）教授伸出了援手，从德国带来了可以兼容的系统软件。我国所使用的计算机设备终于具备了与国际网络连接和发送电子邮件的技术条件。1987 年 9 月，在维纳·措恩带领的科研小组的帮助下，王运丰教授和李澄炯博士等在北京计算机应用技术研究所建成中国第一个国际互联网电子邮件节点，发送邮件的条件基本具备。

1987 年 9 月 14 日，中德两方专家共同起草一封电子邮件，邮件内容是"Across the Great Wall we can reach every corner in the world"（越过长城，我们可以到达世界的每一个角落），也就是后来那封知名的"越过长城，走向世界"的邮件。然而，由于一些技术问题，邮件并未在当日发送成功。经过 6 天的修复工作，该邮件于 9 月 20 日成功发送至德国卡尔斯鲁大学。这个瞬间如同一颗璀璨的星辰，在历史的长河中熠熠生辉。这一刻，中国真正迈出了接入国际互联网的第一步。

这封邮件是中国互联网发展的一个里程碑，开启了我们与世界沟通方式的新篇章。这封邮件更是一次重要宣言，代表了我们对外部世界的开放姿态。"越过长城，我们可以到达世界的每一个角落"，这每一个字都承载着深重的意义，表达了中国从此要走出去，拥抱世界，融入全球互联网的决心。这每一个字，都如同历史的刻刀，铭刻着中国在全球舞台上寻找并确立自己位置的坚定步伐。这每一个字，都见证了中国在互联网时代的雄心和梦想，昭示着中国在全球化浪潮中的自信和力量。

中国发出第一封电子邮件

在晨曦中
启航

"这次收到了吗？"

"收到了。我也给你们发了一封电子邮件，收到了吗？"

"我们也收到了。"

1994 年 4 月 20 日凌晨，在中国科学院计算机网络信息中心的机房内，一通国际长途电话自前一晚起便始终保持着通话状态。电话这端的中国科研人员紧握话筒，不断尝试向美方人员发送邮件，一次次失败，一次次调整设备接口、优化参数，终于成功发送出电子邮件，中方也收到了来自美方的回复。这看似寻常的一收一发，承载了非凡的意义。它标志着中国正式全功能接入了互联网，中国的互联网时代也从这一刻正式开启。

NCFC 机房

这一历史性跨越，由中国科学院主持，联合北京大学、清华大学共同建设的中关村地区教育与科研示范网络（National Computing and Networking Facility of China, NCFC）。NCFC 是由世界银行贷款"重点学科发展项目"中的一个高技术信息基础设施项目，由国家计划委员会、中国科学院、国家自然科学基金会、国家教育委员会配套投资和支持。该项目旨在中关村地区建立一个规模最大的计算机网络，包括一个 NCFC 主干网和中国科学院、北京大学、清华大学三个校园网，并依次互联。

1992 年年底，NCFC 工程的院校网，即中科院院网（CASNET）、清华大学校园网（TUNET）和北京大学校园网（PUNET）全部建成。1993 年 12 月，NCFC 主干网工程完工，采用高速光缆和路由器实现了三个校园网的相互联通，为之后中国全面接入国际互联网打下了基础。如此一来，中关村地区的科技人员就能使用高速网络，并通过网络使用超级计算机资源。

中国：国际互联网的第 77 个成员国

"国际互联网协会每季度出版一期杂志，最后一页的封面是一张彩色的世界地图，具有互联网全功能连接的国家是红色的；只能通过电子邮件的国家是黄色的；没有任何网络功能的国家，用白色填充。4 月 20 日以后出版的所有杂志都把中国标成红色了。"

——中国互联网重要开创者之一钱华森

在中国科学院软件园 2 号楼的门前，有一块铜牌清晰记录着"1994 年 4 月 20 日"这个日子。

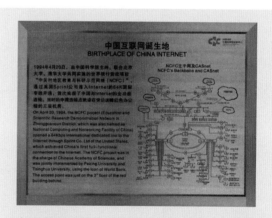

中国科学院计算机网络信息中心 2 号楼前的铜牌

这确实是对中国互联网而言意义非凡的日子——1994 年 4 月 20 日，一条 64kbit/s 国际专线开通，从中科院计算机网络信息中心出发连接世界。中国实现全功能接入国际互联网，成为国际互联网第 77 个成员。

在这一历史性时刻的背后，很多

人为此付出了努力。1990 年 11 月，在王运丰教授和维纳·措恩教授的努力下，中国国家顶级域名（.CN）完成注册，中国从此在国际互联网上有了自己的身份标识。由于当时中国尚未实现与国际互联网的全功能连接，中国 .CN 顶级域名服务器暂时设在德国卡尔斯鲁厄大学。1992 年，就中国连入互联网的问题，中国科学院钱华森研究员在日本神户举行的 INET'92 年会上与美国国家科学基金会国际联网部负责人第一次正式展开讨论，但由于当时复杂的国际环境和客观因素，中国接入互联网并不顺利。

尽管阻碍不断，但是我国科研人员并未放弃。1993 年 3 月，经过 18 个月的反复调试，中国科学院高能物理研究所租用 AT&T 公司的国际卫星信道，正式开通一条 64kbit/s DECnet 专线接入美国斯坦福大学直线加速器中心（Stanford Linear Accelerator Center，SLAC）。此后，国内上千名科学家通过中国科学院高能物理研究所国际高速计算机联网专线连通互联网，共享网络资源，开展国际合作与交流。

1994 年年初，正值中美双边科技联合会议召开之际，时任中国科学院副院长的胡启恒代表中方向美国国家科学基金会（National Science Foundation，NSF）再次重申联入 Internet 的要求，并最终得到认可。1994 年 4 月 20 日，NCFC 正式运行 TCP/IP，通过美国 Sprint 公司的 64kbit/s 专线，实现了与国际互联网的全功能连接。截至 1994 年年底，NCFC 共连接中科院中关村地区 30 个研究所和北京大学、清华大学两校的各类工作站及大中型计算机 500 台，PC 及终端 2000 台。网上每天国际传输数据量达 300M，相当于 1.5 亿个汉字。从此，中国从互联网的旁观者变成了积极的参与者。

1994 年 5 月，国家智能计算机研究开发中心开通中国第一个基于互联网的 BBS 站——曙光 BBS 站；5 月 15 日，中国科学院高能物理研究所设立了国内第一个 Web 服务器，推出中国第一套网页；5 月 21 日，在钱天白教授和德国卡尔斯鲁厄大学的协助下，中国科学院计算机网络信息中心完成了中国国家顶级域名（.CN）服务器的设置，改变了中国的顶级域名服务器一直放在国外的现状。

1994 年是中国开启互联网时代的元年，自此，中国互联网迅猛发展，门户网站、电商、在线教育等平台相继涌现，深刻改变了人们的生活方式，成为人们生产生活必不可少的一部分。

第五章◆

拨开迷雾，勇毅前行

　　新事物的诞生与发展，总是伴随着无数的挑战与磨难，它们如同磨砺宝剑的砥石，不断考验着人们的意志与智慧。中国互联网的发展初期，是一个充满艰辛与不确定性的时期。当时，网络技术的引进与应用在中国还处于起步阶段，技术引进难，应用范围小，但中国人凭借坚定的意志和不懈的探索，逐步在未知领域开辟道路，推动中国互联网稳步启航。如今，中国已成为全球互联网的重要力量，其成就令人瞩目。回望过去，我们不禁对那些勇于探索、敢于创新的先行者充满敬意。正是他们的不懈努力，才让我们有了今天这样一个充满机遇与活力的互联网世界。

道阻且长，
行则将至

20世纪90年代初，中国的互联网面临前所未有的挑战和重重困难。它如同迷雾中摸索前行的航船，前方的海洋充满未知，每一步都需要历经艰险与考验。

当时，相比于发达国家网络基础设施，中国的基础设施薄弱，网络建设明显滞后。科研机构、大学和企业间的计算机系统普遍孤立，未能形成高效互联的网络体系，从而形成了"信息孤岛"，严重阻碍了信息的流通和共享。同时，国内技术研发能力有限，互联网的核心技术和关键设备几乎完全依赖于进口，缺乏自主研发的核心技术，因此技术的落后也成为中国互联网发展的又一个障碍。

那个时期的人们对互联网的了解知之甚少，相关领域的专业人才更是极为稀缺。高校在计算机科学和网络技术方面的教育才刚刚起步，远不能满足行业快速发展的需求，从而严重桎梏了中国互联网的发展。与此同时，作为新兴领域，互联网相关的法律法规和政策体系尚未健全，导致信息安全、网络安全问题频发，用户隐私数据得不到有效保障。知识产权保护等问题也逐渐浮现，盗版、侵权等现象屡禁不止。诸多问题阻碍了互联网的健康发展，成为其可持续发展的主要瓶颈。

行而不辍，未来可期

困境是一把"双刃剑"，它既是一种挑战，也是一种机遇。20 世纪 90 年代初，中国互联网的发展困难重重，但也正是这些挑战和困难，激发了中国互联网人的斗志，成为不断前进的动力。

中国政府高度重视、积极推动，采取了一系列的有力措施，为互联网的发展扫清了障碍：一方面，制定覆盖互联网基础设施建设、管理、规范、技术应用以及产业发展等多个方面的政策，例如，1996 年，国务院颁布《中华人民共和国计算机信息网络国际联网管理暂行规定》，对计算机信息网络国际联网的接入、运营、管理等方面进行了规范。一系列政策为互联网提供了宽松、健康的发展环境；1997 年，国家制定《国家信息化"九五"规划和 2010 年远景目标纲要》，明确提出通过大力发展互联网产业来推进国民经济信息化进程；另一方面，重视科技创新和人才培养。鼓励高校加大计算机科学和网络技术等学科的研发投入，提高教学质量，培养并向互联网行业输送了更多具有创新精神和实践能力的复合型人才。同时，政府还积极推动企业与高校的合作，共同建立实习实训基地，为学生提供更多的实践机会，助推其更好地适应市场需求。

此外，在技术的引进和创新方面，中国政府也展现出非凡的魄力和远见。积极引进国外的先进技术，鼓励本土企业进行技术创新和自主研发。20 世纪 90 年代后期，搜狐、新浪、腾讯等企业乘势发展，参考国际先进经验，自主研发搜索引擎、即时通信软件等产品，拓展互联网应用和服务。这不仅推动了中国互联网的技术发展，还为其注入了源源不断的活力和创造力。从此，中国互联网的发展，值得期待。

回首过去，中国互联网从困境中走来，经历了从弱小到强大的转变，取得了长足的进步。从"信息孤岛"到数字中国，每一步都凝聚着无数人的智慧和汗水。无论是政策的扶持、人才的培养，还是技术的引进和创新，都为我国互联网的发展打下了坚实的基础。如今，中国已经成为全球最大的互联网市场之一，拥有世界上最庞大的网民群体和最丰富的互联网应用场景，互联网产业也形成巨大的规模，锻造了一批具有国际竞争力的互联网头部企业。行而不辍，中国互联网未来可期。

中国互联网的快速发展离不开基础设
施的全面建设。我国政府对互联网基础设施给予
了高度重视，通过政策扶持和资金投入，确保了基础
设施的优先发展。同时，企业界也积极承担起社会责任，
投身于基础设施建设之中，为互联网的蓬勃发展奠定了坚实
的物质基础。得益于政府和企业的共同努力，互联网服务已经覆
盖到更广泛的地区和群体，有效促进了信息的自由流通和技术的持续
创新，为中国互联网的繁荣发展提供了有力保障。

第七章
云端漫步，网罗天下

第六章
网络先行，骨干到接入

第八章

基建篇

跨越规模，高质量发展

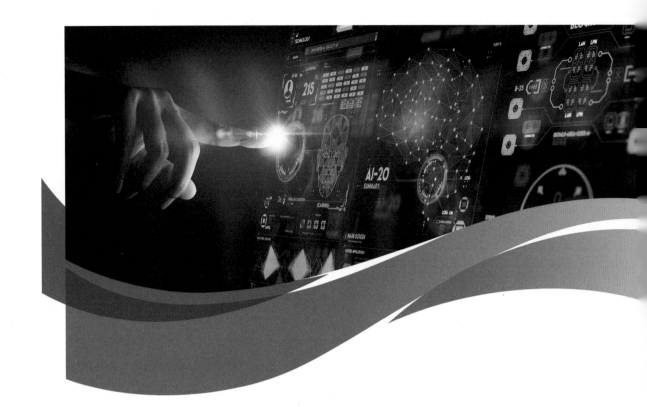

第六章◆

网络先行，骨干到接入

中国互联网的快速发展得益于网络基础设施的全面建设。20 世纪 90 年代，国家骨干网络的建设为信息流通提供了基础保障，"八纵八横"光缆骨干网和四大互联网骨干网络的建成，为互联网的早期发展提供了强有力的支撑。进入 21 世纪，随着非对称数字用户线（Asymmetric Digital Subscriber Line，ADSL）等宽带技术的引入，传统的拨号上网逐渐被宽带技术取代。这不仅显著提升了家庭互联网接入的速度，也推动了互联网服务的普及和多样化网络应用的发展。得益于我国网络基础设施的持续建设和优化，截至 2008 年 6 月底，中国网民数量达到 2.53 亿，成为世界第一。互联网的广泛普及不仅改变了亿万人民的生活方式，更为经济社会的数字化转型奠定了坚实的基础。

要想富，
先修路

　　常言道，"要想富，先修路"，这句老话强调了交通基础设施建设对于推动经济发展的关键作用。而在互联网时代，这句话被赋予了新的涵义，它不再局限于物理世界的路桥，而是扩展到了虚拟世界中的网络基础设施，正如实体道路为货物和人员的流动提供了便利，网络基础设施则为信息的快速流通奠定了基础，是连接梦想与现实的纽带，它不仅缩短了人与人之间的距离，也架起了通往繁荣发展的信息桥梁。

　　为什么网络基础设施如此重要？设想一下，如果没有这些数字通途，我们的世界会是怎样？信息的孤岛，创新的局限，抑或是机遇的错失。正是这条"路"，让我们能够跨越地理的界限，实现资源的共享，促进思想的碰撞，推动经济的增长。网络基础设施对现代社会的重要性，就如同空气对生命一样不可或缺，推动了社会向更加包容和公平的方向迈进，确保了每个人都能在数字时代中找到自己的位置，构建一个充满活力、机会均等的未来。

　　我国的修"路"历程共经历了两个阶段，即从 20 世纪 90 年代的"立柱架梁"到 21 世纪初期的"落地生根"。20 世纪 90 年代，中国的网络基础设施建设主要聚焦于打造国家骨干网络，包括"八纵八横"光缆骨干网和四大互联网骨干网的构建。这些骨干网络的建设，如同铺设了多条覆盖全国的高速信息公路，为国内信息的流通搭建了可靠的通道，极大地提升了中国在国际互联网舞台上的声量和影响力。进入 21 世纪，中国的网络基础设施建设进入新的发展阶段，即从国家骨干网络的建设转向高速宽带和接入网络的发展，以实现网络的广泛覆盖和提供优质服务，让更多地区的人们能够享受到互联网带来的便利。其中包括 ADSL 等宽带接入技术，凭借较高的数据传输速率和较低的成本，极大地提升了互联网接入的速度，降低了使用门槛，推动互联网应用的进一步普及。

自 20 世纪 90 年代到 21 世纪初期的这段时间里，网络基础设施的大范围建设，促使了以个人计算机为主的互联网接入方式走进了千家万户，使得互联网成为人们日常生活中不可或缺的一部分，深刻地改变了人们的生活与工作方式。一方面，人们可以实时获取新闻、知识、娱乐等内容，享受到前所未有的信息自由。同时，通过社交媒体、即时通信工具等，跨越地理限制，与世界各地的朋友保持联系，分享生活点滴。另一方面，人们可以通过在线购物、电子支付等消费模式，即便足不出户，也能购买到全球各地的商品和服务，享受到便捷的购物体验。同时，通过远程工作、在线教育等方式，更加灵活地就业与学习。

截至 2008 年 6 月底，我国的网民数量达到 2.53 亿，首次超过美国，成为全球网民数量最多的国家。与此同时，中国宽带网民数达到 2.14 亿，也跃居世界第一，同样站在了世界的巅峰。这些数字不仅仅是冰冷的统计，它们热情地证明了中国在互联网基础设施上的巨额投入和迅猛发展，是中国互联网力量的一次壮丽展示。在这片古老而又充满活力的土地上，互联网连接了亿万心灵，开启了无限可能，为国家的信息化建设提供了坚实的发展基座。

打通通信网络大动脉

2023年12月27日，一个振奋人心的消息从中央电视台《新闻联播》中传出："2023年，铁路投资高位运行，'八纵八横'高铁网主通道加快建设。截至2023年11月底，已建成投运3.61万千米，占比约80%，为促进区域协调发展提供了有力支撑……"让我们轻轻转动时光的指针，回到20世纪八九十年代。那时，"八纵八横"代表着截然不同的意义，不是今天驰骋在大地上的钢铁巨龙，而是默默无闻、深埋地下的光缆骨干网，它们如同我国的隐形血脉，虽然不显山露水，却承担着连接全国各大城市信息交互的重任。"八纵八横"基于我国地图，巧妙遵循地图方向——上北下南、左西右东。八条南北走向的光缆干线为"纵"，八条东西走向的光缆干线为"横"。作为我国网络的重要基础设施，它们相互交织，形成了覆盖全国的一级干线网络，支撑数据的高速传输，确保了通信的高效与畅通，为后续电话、广播电视和互联网等信息服务的普及和发展提供了重要支撑。

我国"八纵八横"光缆骨干网由48个工程组成，是中国通信史上的一次壮丽征途。"八纵八横"光缆骨干网工程见表6-1。1986年，宁汉干线光缆工程的开工，标志着这个宏伟蓝图的

表6-1 "八纵八横"光缆骨干网工程

八条纵向光缆干线			八条横向光缆干线		
第一纵	牡丹江—上海—广州	线路全长5241千米	第一横	天津—呼和浩特—兰州	线路全长2218千米
第二纵	齐齐哈尔—北京—三亚	线路全长5584千米	第二横	青岛—石家庄—银川	线路全长2214千米
第三纵	呼和浩特—太原—北海	线路全长3969千米	第三横	上海—南京—西安	线路全长1969千米
第四纵	哈尔滨—天津—上海	线路全长3207千米	第四横	连云港—乌鲁木齐—伊宁	线路全长5056千米
第五纵	北京—九江—广州	线路全长3147千米	第五横	上海—武汉—重庆—成都	线路全长3213千米
第六纵	呼和浩特—西安—昆明	线路全长3944千米	第六横	杭州—长沙—成都	线路全长3499千米
第七纵	兰州—西宁—拉萨	线路全长2754千米	第七横	上海—广州—昆明	线路全长4788千米
第八纵	兰州—贵阳—南宁	线路全长3228千米	第八横	广州—南宁—昆明	线路全长1860千米

正式开启。直到 2000 年 10 月，随着"广昆成光缆工程"的完工，才为这幅蓝图画上了圆满的句号。历时 15 年，跨越了无数山河，连接了无数城市，每一条光缆像一根绣线，编织成一张覆盖全国的作品；总计 8 万千米，如同古丝绸之路上的商队，携带着信息的珍宝，穿越时空的沙漠，连接着全国各地。"八纵八横"光缆骨干网的建成，从根本上缓解了我国通信干线的紧张局面，为我国信息化建设历程留下了浓重的一笔。

20 世纪 80 年代，我国网络基础设施刚刚起步，不论是网络的覆盖范围，还是数据传输的速度、稳定性和安全性，均远不能满足人民日益增长的通信需求。国家领导人曾指出："先把交通、通信搞起来，这是经济发展的起点。"所以，通信作为改革浪潮的急先锋，在那个充满挑战与机遇的年代，如同一把钥匙，为经济发展打开了一扇机遇之门。随后，在原国家计划委员会的指导下，相关部门设计出多个建设方案，然而究竟哪一个能够成为国家通信建设的未来？这是一场关于未来的辩论，一次对国家通信建设方向的深入思考。面对这一历史性的抉择，邮电部联合了众多领域的专家学者，通过深入分析和反复比较。从技术成熟度到经济效益，从可行性到发展前景，每一个维度都被仔细权衡。最终在经历了无数个灯火通明的夜晚之后，"推荐光缆"的方案被上报至国家领导层，并且获得了认可。同时，在此基础之上，我国提出了"东段引进、技贸结合，西段国产"的发展路径。即在东部沿海地区，通过引进、快速吸收和利用国际先进光缆技术，迅速缩小与世界通信技术的差距；在西部地区，推动国产光缆的应用，实现对自主创新能力的培养和对本土产业的支持。这一发展路径是国家在改革开放和现代化建设关键时期，在通信领域的一项重要抉择，通过消化吸收再创新，推动本土产业的快速发展和升级，极具战略眼光和前瞻性思维。自此，光通信在我国如同一颗冉冉升起的新星，照亮了信息传输的未来。

1986 年，我国画出了"八纵八横"光缆骨干网宏伟蓝图的第一笔——宁汉干线光缆工程。在这个工程中，我国并非盲目追求国外技术，而是通过审慎比较和评估进行合理引进，在短时间内提升通信基础设施的建设能力。在宁汉干线约 1000 千米的线路上，通过对技术先进性、稳定性和价格等多方面的综合考量，我国最终引

进了荷兰 NKF、日本住友、美国西康及意大利比瑞利 4 家公司的光缆，以及日本 NEC、荷兰 APT、德国 PKI 3 家公司的光传输设备。我国为了充分掌握和运用引进技术，派出了近 100 名技术人员参加海外专业培训，全面了解各公司设备的性能和特点，进行深入分析和细致对比。在宁汉干线光缆工程实施的五年中，这些技术精英将海外学习到的先进知识与国内的实际情况相结合，通过不懈努力和实践探索，不断优化设计方案，取得了众多突破性的进展，其中包括编制了一套完善的设计、施工、验收规范，为后续的大规模的建设项目提供了标准化的操作流程和质量保证。

1994 年 5 月，邮电部在《全国邮电"九五"计划纲要》中，第一次系统性地提出了宏伟目标：到 20 世纪末，我国将全面建成"八纵八横"的光缆传输骨干网，覆盖全国所有省会城市和重点地区，

并具备连通世界的能力。1996 年 3 月，我国在《国民经济和社会发展"九五"计划和 2010 年远景目标纲要》中，明确提出"继续加强长途干线网的建设，重点建设全国联网的光缆干线"。在顶层规划的指导下，我国通过对已建成的光缆网进行延伸、加密与连接，组成一个纵横交错、经纬交织的干线网，将原有点与点之间的连接转变为一个全面互联的网络体系。同时，根据我国的城市布局与信息流向，进一步对光缆网络进行了精心的纵向和横向补齐工作。终于，随着 2000 年 10 月广昆成光缆工程的完工，一条长达 8 万多千米的通信巨龙——"八纵八横"光缆骨干网全面建成，实现了全国范围内的信息高速流通。

时光荏苒，随着技术的飞速发展和新业务的不断涌现，曾经辉煌一时的"八纵八横"光缆骨干网已逐渐退出了历史的舞台。按照当时的预估，光纤的使用寿命大约为 20 年，所以现如今，它们已步入暮年。然而，无论是 5G、6G，还是千兆、万兆，甚至是虚拟现实 / 增强现实（Virtual Reality，VR/Augmented Reality，AR）、元宇宙等前沿领域，要想实现异地信息传输，仍然离不开坚实的光缆干线网络。"八纵八横"光缆骨干网给我们留下的深远影响和宝贵财富，如同一道穿越时空的无形光束，将持续照亮网络强国之路。

吹响互联网骨干的集结号

20 世纪 90 年代，我国着手构建了四大互联网骨干网络：中国科技网（CSTNET）、中国公用计算机互联网（CHINANET）、中国教育和科研计算机网（CERNET）和中国金桥信息网（CHINAGBN）。随着 1997 年四大骨干网的互联互通，一张覆盖全国的互联网大网逐渐形成，为中国互联网的快速发展和广泛应用创造了无限可能。

中国科技网是在中国科学院指导下建立的，它是一个学术性、非营利性的科研计算机网络，主要面向全国的科技界、政府和高新技术企业提供网络服务。1994 年 4 月，中国科技网成为我国第一个全功能接入国际互联网的网络。随后，中国科学院计算机网络信息中心成功部署了中国国家顶级域名（.CN）的服务器，确保我国顶级域名服务器的独立运行。1995 年 3 月，中国科学院基于 X.25 网络，完成上海、合肥、武汉、南京 4 个分院的远程连接，这是将互联网服务扩展到全国的首次尝试。同年 4 月，中国科学院启动了京外单位联网工程，即"百所联网"工程，目标是将已经在北京地区入网的 30 多个研究所的网络扩展到全国 24 个城市，实现国内学术机构之间的计算机互联。同年 12 月，"百所联网"工程圆满完成，不仅将中国科学院内部的科研院所连接起来，还吸纳了院外的一批科研机构和科技单位，形成了一个服务全国科技用户、科技管理部门及相关政府部门的全国性网络。

中国公用计算机互联网是我国首个国内自主设计、建设和运营管理的大型公用计算机网络。1994 年 9 月，也就是中国加入互联网大家庭 5 个月后，原邮电部电信总局与美国商务部签署了中美双方关于国际互联网的协议，这标志着我国正式启动中国公用计算机互联网建设。依据该协议，1995 年 1 月，原邮电部电信总局在北京和上海分别开通了直达美国互联网的 64kbit/s 专线。这两个节点城市之间通过 2Mbit/s 的带宽相连，为国内互联网用户提供服务。1996 年 1 月，中国公用计算机互联网的全国骨干网建设完成并正式投入运营。自此，中国公用计算机互联网开启了我国互联网民用的新时代，在推动国家信息化进程和促进社会经济发展方面发挥了重要作用。

中国教育和科研计算机网是由国家投资、教育部主管、全国高等学校共同参与建设和管理运行的全国性学术计算机网络。1994 年 7 月，清华大学等 6 所高校携手建设的中国教育和科研计算机网试验网正式启用，并通过"中关村地区教育与科研示范网络（NCFC）"的国际出口实现了与国际互联网的连接。时隔一年，随着网络建设的推进，中国教育和科研计算机网成功开通了第一条连接美国的 128kbit/s 国际专线。尽管初期实际运行速率仅为 64kbit/s，但这一成就标志着我国在教育和科研领域与国际互联网的连接取得了重大突破。1995 年 12 月，一个适应我国国情、技术先进、覆盖全国的计算机网络示范工程建设完成。中国教育和科研计算机网的成功建设和运行为高等教育机构提供了一个强大的信息交流和资源共享平台，对于推动我国教育和科研事业的发展、培养高素质人才发挥了至关重要的作用。

中国金桥信息网，也称国家公用经济信息通信网，是我国国民经济信息化的重要组成部分。1995 年 8 月，"金桥"工程完成了初步建设，主要通过卫星网络实现了 24 个省（自治区、直辖市）的联网覆盖，并与国际互联网实现了互联互通，这标志着我国在国民经济信息化领域迈出了坚实的一步。1996 年，中国金桥信息网成功开通了连接美国的 256kbit/s 专线，为用户提供更加稳定和快速的互联网服务。该网络致力于为专线集团用户提供接入服务，同时也为个人用户提供了单点上网的便利。金桥信息网的建设和运营不仅促进了国内经济信息的快速流通和共享，也为我国社会经济发展和现代化建设做出了重要贡献。

1997 年 12 月，国内四大骨干网络实现了互联互通，这是我国互联网历史上一个重要的里程碑，开启了我国互联网发展的新篇章。这一重大进

步不仅极大地扩展了各骨干网用户的接入范围，还显著提高了信息的流通效率。互联互通的使我国的互联网迅速步入了一个崭新的时代。在接下来的几年里，这四大骨干网络的建设持续完善，不断在科研、教育、经济和社会等各个领域发挥着重要作用，为我国的信息化进程注入了强劲动力。例如，1998年7月，中国公用计算机互联网骨干网二期工程正式启动。这一工程的实施使得连接8个大区间的主干带宽得到了显著的扩充，达到155Mbit/s，极大地提升了网络的传输能力。1999年1月，中国教育和科研计算机网的

卫星主干网全线开通，为教育和科研工作者提供了一个高速、稳定的数据传输平台，使学术资源得到迅速流通，研究成果能够即时共享，这极大地促进了知识的传播和学术交流，为跨地区、跨学科的合作研究提供了可能。同月，中国科技网也取得了重大进展，开通了两套卫星系统，并利用高速卫星信道连接了全国40多个重要城市，加强了各地区之间的网络连接，为科技信息的快速传播和交流搭建了桥梁。

进入21世纪，我国电信运营商不仅积极建设自身的骨干网络，还承

担起四大骨干网的建设升级与运行维护的重要任务。这一时期，中国电信、中国联通和中国移动各自发挥关键作用，推动了我国互联网基础设施的快速发展和技术创新。中国电信接管了中国公用计算机互联网的运营权，利用密集型波分复用（Dense Wavelength Division Multiplexing，DWDM）技术和千兆路由器等先进设备，对中国公用计算机互联网进行了大规模的升级和扩容。这些技术的应用不仅提升了网络的传输效率，也优化了骨干网络的结构。2004 年前后，为了满足日益增长的高品质业务需求，中国电信启动了 CN2 下一代承载网络的招标建设，推动中国互联网向更高层次的网络服务迈进。中国联通在建设自身的 UNINET 骨干网的同时，也承接了中国金桥信息网的后续建设和运营任务。中国移动自 2001 年起，逐步构建了一个较为完整的中国移动互联网（China Mobile Network，CMNET）骨干网。中国移动的手机用户通过 CMNET 接入网络，享受到便捷的上网服务。此外，中国移动还建设了 IP 专用承载网，用来承载高价值客户业务，进一步丰富了中国移动的服务内容，提升了用户体验。三大运营商的共同努力，不仅极大地推动了我国互联网基础设施的建设和完善，也为各行各业的发展提供了强有力的网络支持。

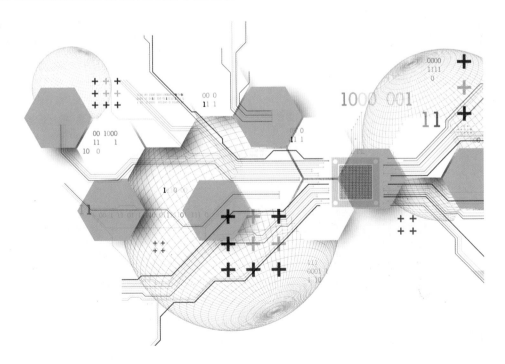

"最后一千米"的突破

20世纪90年代，拨号上网作为家庭和个人计算机用户接入互联网的主要方式之一，承载着彼时人们对网络世界的无限向往。拨号上网的基本原理并不复杂，用户通过调制解调器将计算机与电话线相连，然后拨打互联网服务提供商（Internet Service Provider，ISP）提供的专用拨号号码，以建立与ISP服务器的连接。在这个过程中，调制解调器扮演了至关重要的角色，它负责将计算机生成的数字信号转换为模拟信号，通过电话线路发送至ISP服务器。一旦拨号连接成功，用户的计算机便能够与互联网进行通信，可以使用浏览器、电子邮件客户端等应用程序访问在线资源。但是拨号上网存在明显的局限性。一方面，拨号上网的网速十分缓慢，最高仅为56kbit/s，这在当下看来几乎无法满足任何对网速有较高要求的网络应用；另一方面，拨号上网依赖于电话线路，当用户使用电话时，上网连接便会中断，这无疑给用户的网络体验带来了极大的不便。尽管存在着种种局限，但在那个宽带网络还未广泛普及的时代，电话线路作为家庭和办公场所的普遍设施，并且拨号上网原理简单、操作方便，使得拨号上网仍

2004年，大街上的广告牌"中国网 宽天下"

然是当时接入互联网的首选方式。

进入 21 世纪，国家骨干网络的逐步完善让政府和业界开始将目光投向了网络建设的"最后一千米"——直接连接到亿万百姓家庭的宽带接入网。这一战略重点的转移，不仅体现了我国互联网基础设施建设的深化和细化，更是对满足人民群众日益增长的信息需求的积极回应。2001 年 3 月，随着"十五"计划的发布，中国政府对信息网络的建设提出了更为明确和具体的要求。政府强调要"健全信息网络体系，提高网络容量和传输速度"，并特别指出要"大力发展高速宽带信息网，重点建设宽带接入网"。这一政策的出台，不仅为网络基础设施的未来发展指明了方向，更标志着我国互联网基础设施建设进入了一个更为精细化的发展阶段。通过优化网络架构、升级技术设备、扩大服务范围等措施，在政府和电信运营商的共同努力下，高速、稳定的网络服务逐渐成为普通家庭的标配。

在宽带接入网兴建的阶段，ADSL 技术对于我国是一个革命性的转变。这项技术以其不对称的上行和下行带宽特性，利用频分复用技术巧妙地将传统的电话线一分为三——电话、上行和下行信道，实现了数据传输与语音通信的并行不悖，极大地减少了相互干扰。与早期的拨号上网相比，ADSL 技术有效突破了"最后一千米"的传输限制，提供了稳定和高速的网络连接，不仅解决了拨号上网时电话使用与上网不可兼得的问题，还极大地扩展了带宽范围，为用户带来了前所未有的上网体验。

ADSL 技术的应用标志着我国固定宽带技术的长足进步，它不仅加速了互联网的普及，也推动了众多产业的发展，丰富了人们的网络生活。在接入网络的持续建设下，我国互联网用户规模迅速增长，我国宽带网络用户数实现了爆炸式增长，截至 2008 年，我国宽带接入用户规模超越美国，成为世界第一，2009 年宽带接入用户规模更是首次突破 1 亿大关，进一步巩固我国在固定宽带领域用户规模的领先地位。

国际舞台上的
3G 中国风

TD-SCDMA技术是Time Division-Synchronous Code Division Multiple Access（时分同步码分多址）的英文缩写，是中国提出的第三代移动通信标准（3G），与欧洲的WCDMA[1]和美国的CDMA2000[2]并列为全球3G的三大主流标准。TD-SCDMA标准是以我国自主知识产权为主开发的、首次获得国际社会广泛认可的中国通信标准，是我国在第三代移动通信技术领域的重大突破。

一提到3G，就不能不提到一个重要的国际组织——国际电信联盟（International Telecommunication Union，ITU），ITU是主管信息通信技术事务的联合国机构，作为世界范围内联系各国政府和电信企业的纽带，成立于1932年，其前身是1865年成立的国际电报联盟。国际电报联

盟初始成员国共有20个国家，包括法国、德国、俄国、意大利和奥地利等，随着无线电技术的应用和发展，在1932年，70多个国家的代表在西班牙马德里召开国际电联全权代表大会，制定《国际电信公约》，并决定自1934年1月1日起正式改称为"国际电信联盟"，自此，国际无线电管制的体制及规范初步建立起来。在1945年联合国成立后，经联合国同意，将国际电信联盟设立为联合国负责信息通信技术的专门机构，其总部也由瑞士伯尔尼迁至日内瓦。

ITU 新大楼

中国与国际电信组织的联系始于1920年，在那一年，中国正式成

---

1 WCDMA: Wideband Code Division Multiple Access，宽带码分多址。
2 CDMA2000: Code Division Multiple Access 2000，码分多址2000。

为国际电报联盟的一员。1932年，中国参加了国际电联全权代表大会。1972年5月，ITU恢复了中华人民共和国的合法席位。此后，我国积极参加ITU的相关事务，影响力不断提升。1997年，ITU正式启动了3G的无线传输技术方案征集工作，一纸征集函如同一道曙光，照亮了我国通信技术发展的新路径。当时的中国正处于移动通信领域的起步阶段，华为、中兴等企业还在全球移动通信系统（Global System for Mobile communications，GSM）设备的研发中摸索前行。面对3G技术的浪潮，我国决定成立3G无线传输技术评估协调组，以跟踪技术标准的进展。我国于1998年1月召开香山会议，来自全国高校和研究院所的专家分别介绍了各自在3G技术研究方面的一些探索和理解。在激烈的讨论中，TD-SCDMA技术一经提出，遭遇了争议。但是，时任邮电部科技委主任的宋直元果断拍板："中国发展移动通信事业不能永远靠国外的技术，总得有个第一次。第一次可能不会成功，但会留下宝贵的经验。我支持他们把TD-SCDMA提到国际上去。如果真失败了，我们也看作是一次胜利，一次中

国人敢于创新的尝试，也为国家做出了贡献。"至此，香山会议对TD-SCDMA技术一锤定音。香山会议是我国3G技术发展史上一次至关重要的会议，标志着我国在移动通信标准领域的自主创新之路正式开启。

在原信息产业部的积极推动下，1998年6月，中国自主研发的TD-SCDMA技术建议草案正式提交至ITU，跻身于3G技术的15个候选方案之列。尽管TD-SCDMA面临来自WCDMA和CDMA2000两大技术阵营的激烈竞争，但中国政府的坚定支持和国内市场的巨大潜力，使得TD-SCDMA技术获得了国际认可。经过两年的努力和多轮技术评估，2000年，ITU正式批准TD-SCDMA成为第三代移动通信空间接口标准之一，与WCDMA和CDMA2000并列，成为国际3G的三大标准之一。

然而技术方案纳入标准只是第一步，真正的挑战在于标准的落地与产业化。最初，电信研究院预计TD-SCDMA实现产业化的时长最长不超过3年，但实际上远超预期。2002年，国家在决定无线频谱的分

配时,为 TD-SCDMA 标准划分了总计 155MHz 的非对称频段,这一政策倾斜为 TD-SCDMA 带来了一定的优势。但是由于缺乏国际设备商的支持,TD-SCDMA 的产业化在初期几乎完全依赖于国内企业。2002 年 3 月,大唐移动通信设备有限公司的成立,拉开了我国 TD-SCDMA 技术全面产业化的序幕。2002 年 10 月,在国家发展和改革委员会、科技部、原信息产业部的大力推动下,由大唐电信科技产业集团、华为技术有限公司、中兴通讯股份有限公司等企业发起成立 TD 产业联盟,在联盟内部形成了专利共享、共同开发、协同组织的机制,有效解决了 TD-SCDMA 产业发展中面临的知识产权、共有技术和测试平台建设等问题,降低了企业进入门槛,带动了更多企业进入 TD-SCDMA 产业领域,促进产业链上下游企业的密切合作,从而加速了 TD-SCDMA 产业化的整体进程。

2008 年,中国移动被定为 TD-SCDMA 运营商,从此扛起了移动通信标准国际"突围"的重任。但 TD-SCDM 在发展初期,面临着一系列挑战。一是产业基础薄弱,TD-SCDMA 终端、芯片、仪表在整体性能、稳定性、产业健壮性等方面与其他 3G 制式存在差距;二是产业支持不足,国外企业不看好 TD-SCDMA,国内企业参与 TD-SCDMA 研发的数量有限;三是 TD-SCDMA 初期产品设计未充分考虑运营需求,导致在工程建设上存在一定的难题;四是 TD-SCDMA 初期网络质量较差,需借助 2G 进行覆盖补充,但与 2G 协同时面临互操作功能无法开启、网络间来回切换、互操作时延长等难题,影响用户体验。

尽管面临重重挑战,但中国移动仍然坚定不移地推动 TD-SCDMA 的发展,因为这不仅是中国自主研发的技术,也是中国在全球通信领域争取话语权的关键。所以,中国移动在获得 3G 牌照前，就全力推动 TD-SCDMA 技术创新和产业成熟。例如，针对 TD-SCDMA 设备在工程安装上的难题，中国移动创新提出双极化天线、集束接口等方案，使天线尺寸和重量各降低 50%、远端射频单元（Remote Radio Unit，RRU）和天线之间的接口数量从 18 个减少到 4 个，显著降低了工程施工难度；针对 TD-SCDMA 与 2G 的互操作难题，中国移动提出一系列创新方案，大幅提升互操作成功率和用户感受，主要包括：提出"三不"（不换卡、不换号、不登记）方案，降低 TD-SCDMA 用户的使用门槛；提出"三新"（新机制、新标准、新测量）方案，解决 TD-SCDMA 与 2G 间的网络间来回切换问题，实现用户快速稳定驻留 TD-SCDMA 网络。

在 2008 年北京奥运会期间，中国移动建设、运营的 TD-SCDMA 网络首次服务奥运会。特别是在 2008 年 8 月 8 日的奥运会开幕式当晚，TD-SCDMA 网络在北京地区得到了近 7000 名用户的实际使用，其中，视频通话的使用次数达到 800 多次。中国移动圆满完成了北京奥运会开幕

式通信保障任务，具有我国自主知识产权的 3G 国际标准也通过了全世界的"初验"。2009 年 1 月，工业和信息化部正式将 TD-SCDMA 牌照发放给中国移动，至此，"3G 突破"的时代正式开启。

我国 3G 的成就不仅是技术标准的制定和产业化的突破，更是我国在全球通信领域话语权的提升，是我国自主创新能力的一次重要展示。我国移动通信技术从 1987 年的"1G 空白"，经历了"2G 跟随"到"3G 突破"，风雨兼程，努力追赶，为"4G 同步"奠定了坚实基础。

第七章 ◆

网罗天下，云端漫步

    2008 年，中国通信行业经历重组，重塑了中国移动、中国电信、中国联通 3 家运营商的市场格局，为市场竞争和技术创新奠定了基础。2009 年年初，随着 3G 牌照的发放，开启了新篇章。当年，也被称为中国云计算元年，政府通过制定和颁布一系列相关政策，推动云计算产业的发展，促进了阿里云、腾讯云、华为云等云服务商的崛起。2013 年，4G 牌照的颁发，显著提高了数据传输速率和服务水平。在"宽带中国"战略的推动下，网络性能实现了质的飞跃，速度更快、稳定性更强。此外，伴随着物联网技术的持续发展，我国逐步跨入万物互联的新纪元。

激情与速度——
3G 到 4G 的飞跃

2008 年 5 月，我国通信行业迎来了一次深刻的变革，工业和信息化部、国家发展和改革委员会、财政部联合发布《关于深化电信体制改革的通告》，目标为顺利发放 3 张 3G 牌照，支持形成 3 家拥有全国性网络资源、实力与规模相对接近、具有全业务经营能力和较强竞争力的市场竞争主体，提出了中国电信收购中国联通 CDMA 网，中国联通与中国网通合并，中国卫通的基础电信业务并入中国电信，中国铁通并入中国移动的"6合3"重组方案。这份通告中提出的重组方案，犹如一场精心编排的交响乐，每一个音符都至关重要，不仅优化了资源配置，更加强了企业的竞争力，最终整合为三大运营商——中国移动、中国电信、中国联通。这一整合，不仅仅是数字上的减少，更是行业实力的汇聚和升级。

2009 年 1 月，通信行业一个新的时代随之开启。中国移动、中国电信、中国联通分别获得了基于 TD-

SCDMA、CDMA2000 和 WCDMA 技术制式的 3G 牌照。TD-SCDMA 技术，作为我国自主研发的 3G 标准，其推广和应用标志着我国在全球通信技术领域迈出了坚实的一步，而 CDMA2000 和 WCDMA 技术的应用，则展示了我国通信行业的开放性和包容性，为我国用户带来了更加多样化的通信服务。这一年，3 家运营商以 1609 亿元的投资，开启了一场前所未有的 3G 网络建设狂潮。这笔投资，不仅在数字上令人震撼，更在实质上推动了我国通信技术的飞速发展。3G 网络建设的规模之大、速度之快，让世界瞩目。这是中国速度、中国效率的生动体现，在当时的全球电信发展史上留下浓墨重彩的一笔。

时间流转至 2011 年，我国的 3G 网络建设已经硕果累累，不仅实现了所有城市和县城的全覆盖，更在用户数量上取得了历史性的突破——3G 用户数量突破了 1 亿大关。这一数字体现了中国通信行业不断进取、勇于创新。在这一进程中，无数通信工程师、技术人员等夜以继日地工作，是他们用智慧和汗水，编织了一张覆盖全国的 3G 网络，推动了移动

互联网、在线支付、远程教育等新兴产业的发展。3G 的到来，让信息的流动更加畅通无阻，让人们的生活更加丰富多彩，让亿万用户享受更快的上网速度，体验更丰富的通信服务和更便捷的信息获取方式。从城市到乡村，从东部沿海到西部边陲，3G 网络的覆盖，信息的流动不再有界限。

在 3G 时期，尽管中国的 TD-SCDMA 技术已经商用，但端到端产业生态相对落后。为了尽快扭转 3G 时代下 TD-SCDMA "小众技术"的不利局面，提升中国在 4G 时代的国际影响力，中国移动克服重重困难，积极推动我国主导的 TD-LTE[1] 技术发展和商业化。针对 TDD[2] 和 FDD[3] 融合发展难题，中国移动创新

提出 TD-LTE 专属帧结构设计，奠定 TDD 和 FDD 融合基础；针对小区边缘速率难提升的挑战，中国移动提出精准赋型多流智能天线技术，使小区边缘用户速率提升 1 倍以上；针对 TDD 特有的远端干扰问题，中国移动提出干扰溯源及抑制方案，实现首个 TDD 移动通信系统的大规模同频组网；针对 TDD 运营经验少、频段高、频谱散、电磁干扰繁杂、地理环境和场景复杂等挑战，提出高铁、农村、室内等复杂场景的体系化覆盖和优化方案，助力打造出全球领先的 4G 精品网络。

2009 年年初，FDD 产业发力，三星推出 LTE FDD 终端商用芯片，瑞典运营商 TeliaSonera 宣称 LTE FDD 将于年底商用，然而同时期的 TD-LTE 尚未有明确的产业信号，未有雏形，面临产业信心不足、产业

1　TD-LTE：TD-SCDMA Long Term Evolution，TD-SCDMA 的长期演进。

2　TDD：Time-Division Duplex，时分双工。

3　FDD：Frequency-Division Duplex，频分双工。

基础薄弱等难题，大部分国际运营商对 TDD 仅做技术跟踪，未有任何实质的商用计划。TD-LTE 与 FDD 的产业差距不断拉大，产业资源已经明显偏向 FDD，TD-LTE 形势危急。

就在此时，中国移动大胆提出借上海世博会拉动端到端 TD-LTE 设备成熟的构想，在上海世博园建 TD-LTE 试验网向世界展示 TD-LTE 技术竞争力，吸引全球同行关注和推广 TD-LTE 技术和产业。为了加速推动产业，中国移动充分利用实验室作为技术加速器，搭建完备的端到端测试环境，采取多厂商联合攻关的方式，在研发阶段就开始一致性互通测试，跳过与测试仪表联调的环节，实现产业快速发展。在 2010 年上海世博会期间，产业界推出了第一颗 TD-LTE 芯片，中国移动向全球展示了首个 TD-LTE 规模演示网，覆盖上海世博园全园 5.28 平方千米，包括浦江两岸 9 个场馆以及江面游船，向公众开放基于 TD-LTE 演示网的移动高清会议、移动高清视频监控、移动高清视频点播传、便携视传等演示业务。在连续一个多月的时间里，来自 73 家国际运营商和组织的

上百位代表，参观 TD-LTE 演示网，了解技术和产业发展的情况。在上海世博会后，20 多家国际运营商对 TD-LTE 产生了兴趣。同时，大多数全球运营商都表示希望了解 TD-LTE 的发展，期待与中国移动建立合作。

随后，中国移动在 2011 年联合英国 Vodafone、日本软银等国际运营商，发起成立 GTI（TD—LTE 全球发展倡议），共同推进 TD—LTE

成熟及全球部署，这是中国主导的第一个通信领域国际合作平台，成功汇聚产业资源，有效提振全球产业和市场对于 TD-LTE 发展的信心，使 TD-LTE 在全球获得广泛支持，成为支持移动互联网腾飞的优选技术底座。这也标志着中国移动通信技术从 3G 时代的"追赶"进化到 4G 时代的"同步"。

从试点验证到规模推广，中国移动在 TD-LTE 的投入逐年增加，基站建设规模从 2012 年的 2 万个迅速增加到 2013 年的 20 万个。这一次，中国移动在 2013 年 12 月接过工业和信息化部颁发的 TD-LTE 4G 牌照时，充满了信心，这标志着中国通信业的又一次飞跃。在通信人的努力下，我国基于具有核心自主知识产权的 TD-SCDMA 标准，最终成功演化为 TD-LTE 标准，同时"第四代移动通信系统（TD-LTE）关键技术与应用"获得国家科学技术进步奖特等奖，此次获奖是我国通信领域首次获得该项荣誉。这不仅是技术层面的突破，更是国家自主创新能力的重要体现。

4G 网络以其卓越的传输速率和低时延的特性，进一步推广了前沿应用。在这一背景下，我国电信行业的创新之举——"铁塔模式"，成为推动行业发展的关键力量。2014 年 7 月，中国移动、中国联通、中国电信三巨头携手，共同出资组建了中国铁塔公司。这不仅是一次资本的联合，更是一次资源的深度整合。中国铁塔的主要任务是铁塔的建设、维护和运营，它以共享为核心，推动了集约化建设模式的发展，极大地提升了 4G 网络建设的效率。共建共享模式的推行，满足了 3 家运营商对 4G 网络建设的迫切需求，铁塔共享率从 20% 升至 73%，彰显了行业合作共赢的精神。截至 2017 年上半年，我国通过减少通信铁塔的重复建设，节约了近千亿元的投资，减少了 2.7 万亩（1

跨越 3G、迈向 4G

亩 ≈ 666.67 平方米）的土地占用，这无疑是对资源的高效利用和对环境的有效保护。在 4G 网络的不断投入与建设中，我国取得了令人瞩目的成就。根据中国经济网 2017 年 1 月 6 日的报道，截至 2017 年，我国 4G 用户总数已达到 7.34 亿，4G 基站总数高达 249.8 万个，成功构建了全球规模最大的 4G 网络，在全球通信领域树立了新的标杆。

2009—2019 年，中国信息通信行业经历了一段波澜壮阔的发展历程。这十年，是技术革新的十年，是服务升级的十年。在 3G 时代，中国移动通信技术实现了"3G 突破"，打破了国外技术的垄断，推动了国内通信技术的自主创新。随后，TD-LTE 技术的商用，标志着中国移动通信技术实现了"4G 同步"。4G 网络以其更高的传输速率、更低的时延，为用户提供了更加稳定、流畅的上网体验。4G 的普及，不仅提升了用户的通信质量，更推动了移动互联网应用的飞速发展。十年间，中国信息通信行业的大规模投资建设，创造了新的经济增长点，为移动互联网和数字经济的发展提供了强有力的支撑。

打造全球最大的宽带市场

在"十二五"和"十三五"期间，我国对宽带网络的发展给予了高度重视，提出一系列政策措施，旨在引导和加速宽带网络的建设。在《中华人民共和国国民经济和社会发展第十二个五年规划纲要》中明确提出"引导建设宽带无线城市，推进城市光纤入户，加快农村地区宽带网络建设，全面提高宽带普及率和接入带宽水平"，在《中华人民共和国国民经济和社会发展第十三个五年规划纲要》明确提出"推进宽带接入光纤化进程，城镇地区实现光网覆盖，提供1000Mbit/s 以上接入服务能力，大中城市家庭用户带宽实现100Mbit/s 以上灵活选择；98% 的行政村实现光纤通达，有条件的地区提供100Mbit/s 以上接入服务能力，半数以上农村家庭用户带宽实现50Mbit/s 以上灵活选择"。

2012 年，经国务院批示，由国家发展和改革委员会等八部委联合研究起草"宽带中国"战略实施方案。经过一年的深入研究和筹备，2013 年国务院正式发布了《"宽带中国"战略及实施方案》。这是首次在国家层面明确宽带网络的战略性公共基础设施地位，并给出了宽带发展的阶段性目标、路线图和重点任务。这一战略的实施加速了宽带网络升级改造，推进光纤入户，统筹提高了城乡宽带网络普及水平和接入能力。

在"宽带中国"的建设过程中，最为耀眼的要数光纤入户工程，它确保了网络的连接质量和速度。光纤入户（Fiber To The Home，FTTH）是指将光纤网络直接接入用户家庭，为用户提供高速上网服务。与传统宽带相比，FTTH 具有更高的带宽和更稳定的信号，能够满足高清视频、在线游戏、远程办公等多种应用需求。我国采取了多种举措推进光纤入户工程建设，包括政策扶持、试点工程、技术创新等。首先，我国出台了一系列政策，鼓励和引导企业加大光纤网络建设力度。2013年3月，工业和信息化部正式公布《住宅区和住宅建筑内光纤到户通信设施工程设计规范》和《住宅区和住宅建筑内光纤到户通信设施工程施工及验收规范》，对光纤入户的实施情况做出了相关规定。包括在公用电信网已实现光纤传输的县级及以上城区，新建住宅区和住宅建筑的通信设施应采用光纤到户方式建设，同时鼓励和支持有条件的乡镇、农村地区新建住宅区和住宅建筑实现光纤到户。其次，我国在一些城市开展了光纤入户试点工程，探索适合我国国情的建设模式和技术路线。例如，武汉市在 2004 年启动了首个光纤入户技术试点工程，通过引进新技术、优化网络架构等手段，实现了光纤网络的快速覆盖和稳定运行。最后，我国在光纤接入技术方面取得了重大突破，研发了一系列具有自主知识产权的核心设备和技术，为光纤入户工程的推进提供了有力支撑。

在"宽带中国"战略的引领下，我国从"铜线接入"发展到"光纤到家"，技术的升级不仅为宽带用户带来了全新的业务体验，也带动了光通信产业重大变革——从电话线 ADSL 上网的"兆"时代，跃迁到千兆宽带的"吉"时代。在用户价值层面，光纤链路具备更高的带宽承载能力、更稳定的传输速率，支持更丰富的应用场景，例如，从原先的"标清"视频

"宽带中国"

发展为高清视频。此外，还推动了各种新兴应用的发展，例如，大型在线游戏、视频会议、远程医疗、在线教育类等应用等。在产业价值层面，"光进铜退"带动了通信设备制造、光纤光缆制造、电子元器件、电信运营、互联网内容及外围设备等相关产业链的发展壮大，培育了一批卓越的中国通信设备及光纤光缆厂商，大幅降低了光纤光缆及相关仪表、工具、设备的成本。

"宽带中国"发展阶段，我国硕果累累，光纤接入的普及使网速从原来的 2Mbit/s、4Mbit/s 提升到了 100Mbit/s，甚至 1000Mbit/s。截至 2018 年，全国接入网络基本实现了光纤化，光缆线路总长度稳居世界第一，全国光网城市全面建成。截至 2019 年，固定宽带家庭普及率、移动宽带用户普及率分别达到 91%、96%。千兆光纤覆盖家庭超过 8000 万户，4G 用户超过 12 亿。截至 2020 年，也是"宽带中国"战略的收官之年，固定宽带家庭普及率达到 96%、行政村通宽带比例超过 99%，超额完成了制定的目标。

"感知中国"
——由人到物

随着互联网技术的飞速发展，我国已经基本实现了人与人之间的互联互通，正大步迈向一个全新的时代——物物相连的时代。早在 1999 年，美国麻省理工学院就提出了"物联网"这一概念，2005 年，ITU 发布的《ITU 互联网报告 2005：物联网》报告中，对物联网的概念进行了正式定义，物联网是通过智能传感器、射频识别设备、卫星定位系统等信息传感设备，按照约定的协议，把任何物品与互联网连接起来，进行信息交换和通信，以实现对物品的智能化识别、定位、跟踪和管理的一种网络。物联网的出现，不仅是技术上的突破，更是思维方式的革新，它极大地拓展人类的感知能力，使世界上所有物体，从轮胎到牙刷，从房屋到纸巾，都可以进行信息交换。

我国物联网的快速发展，得益于政府的积极引导和政策支持。2009 年，时任国务院总理温家宝在视察无锡时首次提出"感知中国"的理念，强调要加快物联网技术的研发和应用。随后我国通过一系列政策举措，加快落实"感知中国"战略。2010 年 3 月，物联网被首次写入《政府工作报告》，这标志着物联网的发展正式成为国家战略。随后，一系列专项政策的陆续出台，体现了我国对于物联网发展的高度重视。2013 年 2 月，国务院出台《关于推进物联网有序健康发展的指导意见》，明确了物联网发展的总体目标、主要任务和保障措施。2017 年 6 月，工业和信息化部发布《关于全面推进移动物联网（NB-loT）建设发展的通知》，首次提出移动物联网网络建设和用户发展的量化指标，确保在 2017 年年底之前建成 40 万个窄带物联网（Narrow Band Internet of Things，NB-IoT）基站，到 2020 年，NB-IoT 网络实现全国普遍覆盖，基站规模达到 150 万个。2021 年 9 月，工业和信息化部等联合发布《物联网新型基础设施建设三年行动计划（2021—2023 年）》，旨在推进物联网新型基础设施建设，充分发挥物联网在推动数字经济发展、赋能传统产业转型升级方面的重要作用。

2012 年 6 月 5 日，2012 中国国际物联网博览会在北京举办

"感知中国"战略的实施，标志着我国在物联网领域的雄心壮志和深远布局。物联网技术，作为连接物理世界与数字世界的桥梁，正在悄无声息地改变着人们的生活和工作方式。在家庭生活中，智能穿戴设备通过实时监测使用者的心率、步数、睡眠质量等，提升个人健康管理的便利性，此外，智能家居系统不仅能够根据用户的需求自动调节室内温度和湿度，还能通过智能音箱等设备实现语音控制，极大地提升了居住的舒适度和便捷性；在工业生产中，通过安装在生产线上的传感器，企业能够实时监控生产过程，及时发现并解决潜在问题，提高生产效率和产品质量，为企业带来了显著的经济效益；在城市管理中，通过遍布城市的传感器网络，城市管理者能够实时收集交通流量、空气质量、能源消耗等关键数据，从而更有效地规划城市资源，优化公共服务。

随着技术的持续进步，我国产业界在物联网领域的发展步伐明显加快，已经形成了以 NB-IoT、4G 和 5G 为代表的多网协同发展格局。这一格局不仅显著提升了网络覆盖能力，而且推动我国建成了全球规模最大的移动物联网络。具体来看，2022 年，我国支撑低速物联网业务的 NB-IoT 基站数量已达到 75.5

万个，而支撑中高速物联网业务的 4G 和 5G 移动网络基站数分别高达 593.7 万个和 210.2 万个。这样的基础设施建设，为各种类型的物联网应用提供了坚实的网络支持。截至 2022 年年底，在全球范围内，我国移动物联网连接数的占比已经超过了 70%，彰显我国在物联网领域的领先地位。截至 2022 年 8 月，我国移动物联网终端用户数达到 16.98 亿，历史性地超过了 16.78 亿移动电话用户数，成为全球首个实现"物超人"的国家。这一里程碑事件不仅标志着移动网络连接"物"的规模首次超越了连接"人"，也反映了物联网技术在社会各领域的广泛应用。我们有理由相信，物联网技术将继续为人类社会带来更多的便利、创新和价值，随着技术的进一步成熟和应用场景的不断拓展，我们正稳步迈向一个更加智能、高效和可持续的新时代。

坐看"云"起时

21 世纪，互联网已经无处不在，不可或缺。随着网络信息服务的普及和海量数据的涌现，对信息系统的弹性和扩展性提出了前所未有的要求。正是在这样的背景下，云计算应运而生，引发信息技术领域的变革。云计算是基于互联网相关服务的增加、使用和交付模式，通常通过互联网来提供动态、易扩展的虚拟化资源，是继 20 世纪 80 年代"大型计算机"到"客户端—服务器"的重大转变之后，信息技术领域的又一次重大飞跃。

云计算按照服务类型主要分为 3 种，基础设施即服务（Infrastructure as a Service，IaaS）、平台即服务（Platform as a Service，PaaS）和软件即服务（Software as a Service，SaaS）。

中国移动发布的物联网模组

IaaS 提供了一种通过网络对外提供 IT 基础设施的方式，包括服务器、存储、计算能力和网络等。IaaS 服务一般分为公有云、私有云和混合云 3 类。公有云位于互联网上，其核心特点是资源共享，用户可以通过负责注册或付费来使用服务。私有云则是为单一客户构建，提供了对数据安全性和服务质量最高控制的服务，可以部署在企业内部或安全的托管场所。混合云结合了私有云和公有云的优势，既能确保数据安全，又能利用公有云的计算资源和存储空间，已成为云计算发展的主要发展方向。PaaS 以提供服务器平台或开发环境作为服务。用户通过购买 PaaS 服务，可以获得生成、测试和部署软件应用程序的环境。与 IaaS 相比，PaaS 允许开发者专注于业务逻辑，而无须管理底层的基础设施。SaaS 通过互联网提供软件服务，实现了"即开即用"的便捷性，企业无须自建基础设施，也无须开发和维护本地部署环境，即可获得"拿来即用"的软件服务。

云计算的意义之重大，主要体现在发展模式和管理模式两个层面。在发展模式上，云计算的兴起，为获取大规模计算资源提供了前所未有的便捷性。传统的 IT 基础设施需要巨大的前期投资、长期的部署周期和持续的维护工作。而云计算作为一种服务模式，允许用户按需租用计算资源，这种灵活性极大地降低了企业进入门槛，加速了创新的步伐。用户不再受限于物理硬件的约束，可以快速响应市场变化，实现业务的敏捷开发和部署。在管理模式上，云计算技术的广泛应用，有效解决了"信息孤岛"的问题，促进了不同系统和平台间的数据整合与共享。这种整合不仅提高了数据的流动性和可用性，也为企业决策提供了更为丰富和实时的信息支持。管理层面的扁平化，使得企业能够更加灵活地调整资源配置，优化业务流程，提升运营效率。

我国政府高度重视云计算产业的发展，通过部署一系列政策，为云计算的快速发展提供了坚实的支撑。2012 年 9 月，科技部发布了《中国云科技发展"十二五"专项规划》，这是我国政府层面首个针对云计算的专项规划。该规划明确了云计算发展的具体目标和重点任务，为云计算产

业的发展指明了方向。2015年1月，国务院印发《关于促进云计算创新发展培育信息产业新业态的意见》，进一步明确了加快云计算发展的重要性，并提出了云计算到2017年和2020年的发展目标。这一政策的出台，为云计算产业的创新发展提供了强有力的政策支持。工业和信息化部陆续发布了《云计算发展三年行动计划（2017—2019年）》《推动企业上云实施指南（2018—2020年）》等，全面推动云计算产业的健康发展，为各行各业的数字化转型提供了指引。

在政府的大力扶持下，云计算产业在我国迅速崛起，产业链条中的相关企业通过技术创新和市场竞争，不断提升其服务质量和产品性能，为整个产业的蓬勃发展注入了强劲动力。2009年，被誉为中国云计算的元年。这一年，中国电子学会在北京成功举办了首届中国云计算大会，深入探讨了云计算的深层含义、发展趋势及其对产业、教育和社会的深远影响，从而使云计算以抽象的观念逐步转化为具体的实践。同年，阿里软件在江苏建立了国内首个"电子商务云计算中

第六届中国云计算大会的阿里云展台

心"，阿里云的正式成立，标志着我国云计算产业的起步。十年磨一剑，阿里云不仅在国内云计算领域占据领先地位，更在全球云计算市场中跻身前三强。2010年，阿里云的飞天系统在经过版本迭代后，展现出卓越的稳定性，吸引了国内众多有志深耕于云计算领域的企业的关注。同年，华为宣布了其云计算战略，腾讯也开始了对云计算的深入研究和探索。除云计算领先企业外，其他初创云厂商也纷纷应运而生。2012年3月，网络安全专家季昕华创办UCloud。一个月后，拥有IBM工作经历的黄允松、林源和甘泉共同创办了青云QingCloud。随后，一朵朵"云"竞相登场，移动云、天翼云、沃云、京东云……互联网公司、电信运营商和新兴企业等各类主体纷纷投身于云计算基础设施的建设和服务提供当中。这些企业通过构建先进的云计算平台，为用户提供了高效、灵活的计算资源，极大地推动了云计算服务的普及和应用，我国云计算发展书写了浓墨重彩的篇章，使得国内云计算市场更加精彩纷呈。

云计算作为信息技术领域的一项革命性创新，在我国的发展呈现出迅猛的增长势头，云计算市场规模从2013年的216亿元激增至2022年的4550亿元，彰显了云计算技术的巨大潜力，也反映了市场对高效、弹性计算资源的迫切需求。在云计算技术的推动下，阿里云、天翼云、移动云、华为云、腾讯云和沃云等国内领先云服务商，不仅在国内市场占据了重要地位，也在国际舞台上展示着中国云计算的实力和影响力。此外，云计算技术的应用已经深入到社会的各个角落。以滴滴出行、美团等为代表的创业公司，正是借助云计算技术，实现了其业务的快速扩张和资源的优化配置。这些公司通过云计算平台，能够灵活地应对市场变化，快速地进行业务创新和调整，从而在激烈的市场竞争中占据了有利的地位。

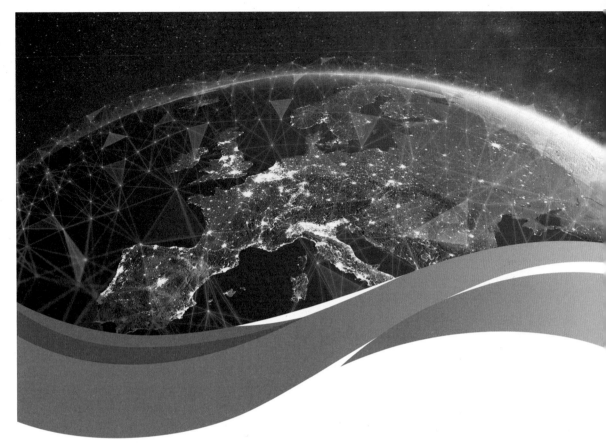

第八章◆
跨越规模，高质量发展

　　2019 年，我国正式进入 5G 商用元年，5G 基站的数量持续增长，覆盖地域不断扩大，截至 2024 年 4 月底，全国累计建成 5G 基站数量达到惊人的 374.8 万个，5G 用户普及率更是超过 60%，覆盖全国所有地级市和县城城区，建成全球规模最大的 5G 网络；千兆及以上速率的固定宽带用户达 1.57 亿，用户规模和占比均为全球首位；全国在用数据中心机架总规模超过 760 万个，算力总规模达 197EFLOPS，跃居世界第二；拥有在轨卫星数量为 541 颗，占全球 9.9%，排名世界第二。随着 5G、卫星互联网、人工智能等技术的发展，我国互联网基础设施正由大向强稳步迈进。

巅峰之约，
天际连线

　　5G 的全称为"第五代移动通信技术"，其以高速率、低时延和大连接的特点，成为数字经济时代的战略性互联网基础设施。它不仅是新一轮科技革命和产业变革的重要驱动力，也是加快经济社会发展、增强国家核心竞争力的关键。随着 5G 技术的不断成熟与快速普及，其在各个领域的应用日益广泛，为人类社会带来更多的便利和可能性。截至 2023 年年底，我国 5G 应用已融入 71 个国民经济大类中，应用案例数超 9.4 万个，行业虚拟专网超 2.9 万个；我国 5G 标准必要专利声明量全球占比超 42%，持续保持全球领先。同时，我国已经开始 5G-A（5G-Advanced）的商用。作为发展过渡阶段的关键技术，与

5G 相比，具备更高速率、更大连接、更低时延等特点。运营商数据显示，5G-A 峰值速率最高可达 5G 的 10 倍，可支持加速实时 3D 渲染、游戏内容加载、云端协同等，极大提高了 5G 新通话、云手机、云计算机等产品的功能和体验。同时，通过引入通感一体、通算智一体、空天地一体等技术，不断扩展网络的能力边界，高效满足用户水、陆、空全场景感知业务需求。

　　中国移动主导 5G SA 服务化网络架构、大规模天线等标志性技术研究和标准制定，推动 TDD 成为 5G 核心基础和主流，提出"5G 之花"5G 核心性能指标，攻关精准赋形、大规模连续组网等技术，使大规模天线成为 5G 基础核心技术；牵头制定 5G SA 系统架构，实现中国公司首次主导通信系统架构标准制定的突破；提

出 5G 承载技术切片分组网（Slicing Packet Network，SPN）并成为 ITU-T 新一代传送网技术体系；提出时频统一全双工、无源物联网等技术，引领 5G 演进方向。

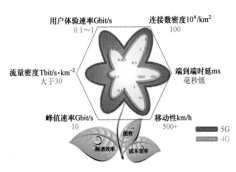

5G 关键技术

2020 年 5 月，2020 珠峰高程测量登山队成功登顶珠穆朗玛峰，并在世界之巅完成了一次被载入史册的直播，而这一切都得益于中国移动 5G 信号的强大支持。中国移动利用其先进的 5G 网络技术，独家承担并圆满完成了珠峰高程测量的通信保障任务。这一壮举标志着"中国信号"首次覆盖了海拔 6500 米的"生命禁区"，完成了人类移动通信史的又一重大突破。

在珠穆朗玛峰这种极端环境中部署 5G 基站，是一项极具挑战的任务。中国移动与华为合作，面对冻土、

极寒和高原反应等严苛考验，从海拔 5200 米的珠峰大本营出发，依靠牦牛驮运数吨建设物资，又人工搬运数千米特种传输光缆，解决了光缆铺设、基站供电等一系列技术难题。在"5G 上珠峰"活动中，中国移动在珠峰建立了 5 个 5G 基站和 3 个 4G 基站，这些基站不仅为珠峰高程测量提供了全程通信服务，还为视频和图像的实时回传提供了强有力的 5G 信号保障，彰显了我国通信产业的综合技术实力。

时隔 4 年，中国移动再次挑战极限，在珠峰开通首个 5G-A 基站，标志着这座世界最高峰正式由 5G 时代迈入了 5G-A 时代，进一步提升了珠峰区域的通信能力，为旅游、登山、科考、环保等活动提供了更加稳定和高效的通信保障，全面支撑高清云直播、裸眼 3D 云旅游等文旅应用场景，更好地满足游客多样化需求。

中国移动的 5G 和 5G-A 信号在珠峰的成功部署，不仅实现了技术上的突破，为全球高海拔地区的通信覆盖提供了宝贵的经验，更是对人类不断探索未知领域精神的肯定。自 2019 年中国正式迈入 5G 时代以来，

珠穆朗玛峰上的 5G 信号

中国移动携手合作伙伴共同推动 5G 网络"上珠峰、下矿井、登海岛、达边疆",截至 2024 年 10 月,已建设 5G 基站超 230 万个,5G-A 商用城市超 330 个,建成了全球规模最大、覆盖最广的 5G 网络。值得一提的是,中国移动自主研发的国内首款可重构 5G 射频收发芯片——破风8676,入选"2023 年度央企十大国之重器",实现了从 0 到 1 的关键性突破,有效提升了中国 5G 网络核心设备的自主可控度。这些成果不仅标志着我国技术的重大飞跃,还是国家自主创新实力的有力证明。

中国移动自主研发的国内首款可重构 5G 射频收发芯片——破风 8676

构建数字时代的 基础能源

从人脑思考,到利用工具对数字进行简单计算,再到初代计算机的诞生,直至今日超级计算机和云计算平台的普及,每一次技术的革新都伴随着算力的飞跃式提升。特别是进入 21 世纪以来,随着互联网的普及和移动设备的广泛使用,数据量呈爆发性增长,对算力的需求也随之急剧上升。国家数据局发布的《数字中国发展报告(2023 年)》显示,全国在用数据中心标准机架超过 810 万架,算力总规模达到 230EFLOPS[1],居全球第二,算力总规模近 5 年年均增速近 30%;智算规模达到 70EFLOPS,占比超 30%。

---

1 EFLOPS: ExaFLOPS,衡量超级计算机性能的指标之一,表示每秒进行百亿亿次浮点运算的能力。

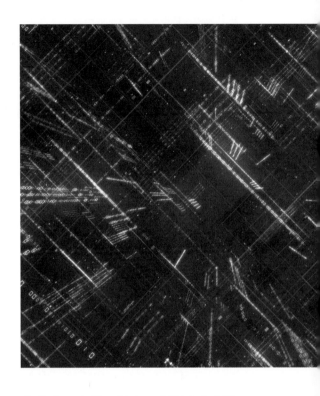

算力，狭义上是指计算机或数据中心处理信息或数据的能力。随着技术的发展，算力的概念进一步扩展，不仅包括用于数据运算和处理的信息计算能力，还包括用于数据在计算节点之间传输的网络运载能力，以及用于数据保存和承载的数据存储能力。目前，通信行业中算力的类型分为通算、超算和智算，以及量子计算等新型算力，将广泛应用于资源管理、游戏平台、工程仿真、自动驾驶、人工智能等典型应用场景，在数字时代，算力已成为推动科技进步和社会发展的关键因素，在科技创新、智能生产、智慧城市等领域发挥着越来越重要的作用。此外，在网络空间成为继陆、海、空、天之后的第五大主权空间背景下，算力更是成为国家安全保障的重要一环。

2022年2月17日，国家发展和改革委员会、中央网络安全和信息化委员会办公室、工业和信息化部、国家能源局联合印发文件，同意在京津冀、长三角、粤港澳大湾区、成渝、内蒙古、贵州、甘肃、宁夏启动建设国家算力枢纽节点，标志着全国一体化大数据中心体系完成总体布局设计，"东数西算"工程正式全面启动。同年9月，首部算力设施白皮书《东数西算下新型算力基础设施发展白皮书》发布。2023年12月，国家发展和改革委员会、国家数据局、中央网络安全和信息化委员会办公室、工业和信息化部、国家能源局联合印发《深入实施"东数西算"工程 加快构建全国一体化算力网的实施意见》，提出到2025年年底，综合算力基础设施体系初步成型。

中国移动呼和浩特智算中心

"东数西算"是继"南水北调""西气东输""西电东送"后又一项国家级特大工程，通过构建数据中心、云计算、大数据一体化的新型算力网络体系，将东部算力需求有序引导到西部，优化数据中心建设布局，促进东西部协同联动。"东数西算"工程织就了一张跨越东西、贯通南北的全国算力网络，构建了"全国一台计算机"，让算力成为公共服务，实现用户随用随取。我国自实施"东数西算"工程以来，各地算力基础设施建设成果显著，2023年相关数据显示，河北省张家口市投入运营数据中心27个，标准机柜33万架，算力规模达到7600P；重庆市算力规模超1000P；甘肃省庆阳市数据中心集群1.5万架机柜上架运行，形成算力规模6000P。同时，三大运营商、数据中心服务商和相关产业链企业积极跟进，多领域发力。其中，中国移动在京津冀、长三角、粤港澳大湾区、成渝、贵州、内蒙古等地投

产首批13个智算中心节点，实现了"东数西算"枢纽节点基本覆盖。截至2024年上半年，中国移动通用算力规模达8.2EFLOPS，智能算力规模达19.6EFLOPS，智能算力占比高达70.5%。同时，中国移动建成的呼和浩特智算中心更是全球运营商最大单体智算中心，从投产即开始承接大模型训练任务，该智算中心部署了约2万张AI加速卡，AI芯片国产化率超85%，智能算力规模高达6.7EFLOPS，并入选"2023年度央企十大超级工程"。

"东数西算"工程不仅是简单的算力布局、网络布局、数据布局，更是生态布局。随着"东数西算"工程的逐渐深入，以及算力产业的不断发展，算力将会像水、电、网一样渗透至千行百业、千家万户，实现随取随用。算力技术的不断突破、基础设施的不断完善，将为互联网的发展带来新的可能。

卫星互联网，
与世界"永不失联"

卫星互联网主要是指以卫星为接入手段的互联网宽带服务模式。与地面网络依赖基站进行通信不同，地面网络靠基站通信，卫星互联网则是基于卫星通信技术接入互联网，好比将地面的基站搬到了太空中，每一颗卫星就是一个移动的基站。它作为一套实现全球联网的通信系统，通过卫星为地面、空中和海上的用户与设备提供网络接入服务。根据通信卫星所处轨道的不同，卫星互联网可分为高轨和低轨两类，而目前卫星互联网更多是指利用地球低轨道卫星实现的低轨宽带卫星互联网，相比于高轨卫星，它具有低时延、易于实现全球覆盖的特点。

根据 ITU 统计信息，截至 2022 年，地球上仍有超过 70% 的地理空间，未能实现互联网覆盖。例如，沙漠、海洋、冰川深处这样的极端地理环境，地面通信基站信号无法覆盖到，此外，在很多偏远地区大规模建设地面网络的投入成本高，卫星互联网将成为地面网络系统的重要补充，是实现基础设施建设薄弱区域网络覆盖的一种低成本且最优的解决方案。

在当前国际环境下，卫星互联

网成为下一代信息技术竞争新高地,其发展对于国家网络主权和国家安全具有战略性意义,成为各国在海洋、太空等领域推动国家战略的重要手段。由于通信卫星所使用的低轨频率、轨道容量有限,根据ITU规定,近地卫星轨道和频率分配采取"先登先占"方式,以欧洲和美国为代表的卫星互联网企业已经申请数万颗卫星频轨资源,在一定程度上占据资源优势。据相关报道,我国已经向ITU提交布局1.3万颗低轨卫星的计划,随着天地一体化融合通信发展需求的不断提升,以中国移动为代表的全球各大电信运营商也开始布局天地融合通信技术的研发。

随着互联网产业的发展,国家及地方密集出台了《"十三五"国家战略性新兴产业发展规划》《"十四五"信息通信行业发展规划》《关于加快推进以卫星互联网为引领的空天信息产业高质量发展的意见》等多项政策文件,2020年,国家发展和改革委员会首次将卫星互联网纳入"新基建"范畴,卫星互联网建设已经上升至国家战略性工程,成为我国空天地一体化信息系统的重要组成部分。

"虹云工程"是由中国航天科工集团有限公司牵头研制的覆盖全球的低轨宽带通信卫星系统,通过搭建由156颗小型卫星组成的卫星互联网系统,实现全球无死角的自由接入宽带互联网。2018年12月,"虹云工程"首发星即技术验证卫星被送入轨道,标志着我国低轨宽带通信卫星系统建设迈出实质性步伐。同期,由中国航天科技集团自主建设的低轨卫星通信系统——"鸿雁"星座的首发星也成功发射并进入预定轨道。其目标也是在太空构建一条四通八达、覆盖全球的信息通路,计划用60颗核心骨干卫星和数百颗宽带通信卫星组成系统,实现全球任意地点的互联网接入。

"虹云工程"技术验证星发射入轨后,在2019年完成了不同天气条件、不同业务场景等多种条件下的全部功能与性能测试。测试人员通过卫星接入互联网,成功实现了网页浏览、电商购物、视频聊天、高清视频点播等典型互联网业务。卫星在轨实测的所有功能与指标均满足要求甚至超出预期。

根据科学家关注联盟的卫星数据库,截至2022年5月,全球在轨卫星数量达5465颗,其中,中国拥有在轨卫星数量为541颗,占比9.9%,排名世界第二。2023年7月,酒泉卫星发射中心使用长征二号丙运载火箭成功将卫星互联网技术试验卫星发射升空。同年11月,首张完整覆盖我国国土全境及"一带一路"共建国家沿线重点区域的高轨卫星互联网初步建成。与此同时,我国电信运营商纷纷布局卫星互联网。中国电信是最早布局卫星通信的运营商,全

球率先发布手机直连卫星双向语音通话及短信收发通信服务。中国移动在 2024 年 2 月宣布，搭载中国移动星载基站和核心网设备的两颗天地一体低轨试验卫星成功发射入轨。其中，"中国移动 01 星"是全球首颗可验证 5G 天地一体演进技术的星上信号处理试验卫星；"'星核'验证星"是全球首颗 6G 架构验证星。双星叩苍穹，天地共一体，卫星网络与地面移动系统共同组成天地一体网络，将地面移动网络进一步向陆地偏远地区、海洋、航空等立体空间延展，为广大消费者和千行百业提供全球连接泛在的移动服务和融合新业务。近年来，随着我国在"一箭多星"技术、高通量卫星技术以及手机直连卫星技术等方面研发的不断推进，以及偏远地区基于低轨卫星互联网实验星座实现通信应用等试验的不断成功，未来互联网将真正无处不在。同时，卫星互联网也将向各个行业渗透，远海无人作业、低空物流管控、全域生态智慧监管等创新应用也将成为可能。

人工智能
席卷而来

互联网作为信息时代的产物，已经深刻地改变了人们获取、处理和分享信息的方式。而人工智能技术的加入，更是为互联网的发展注入了新的活力和可能。人工智能（Artifical Intelligence，AI）是一种使计算机和机器能够表现出智能和类似人类思维能力的技术和方法论，它通常包括学习与推理、语言和语音识别、视觉感知、自动化控制等多个领域。AI 可以追溯到 20 世纪 50 年代，虽然经历了许多发展与进步，但是由于缺少大规模的应用场景，也经历了漫长的寒冬。2012 年是 AI 发展史上的转折点。这一年，杰弗里·辛顿（Geoffrey Hinton）和他的学生伊尔亚·苏茨克雅（Ilya Sutskever）开发了 Alexnet 深度卷积网络，这一深度学习领域的突破性成果，在 ImageNet 图像识别竞赛中大放异彩，标志着 AI 技术的一次重大飞跃。紧接着，基于深度学习的 AlphaGo 战胜了围棋世界冠军，这一事件不仅震惊了世界，更激发了人们对 AI 的无限遐想和探索热情。

2022 年，ChatGPT 横空出世，再次将 AI 推向了大众视野。仅两个月，它的月活跃用户数就突破了 1 亿大关，成为历史上用户数增长最快的消费应用。ChatGPT 的成功，证明了人工智能技术的逐渐成熟，也激发了我国对 AI 技术的热情，国内各大科技公司纷纷推出了自己的 AI 大模型。百度的"文心一言"、科大讯飞的"星火"、阿里云的"通义千问"、腾讯的"混元"、华为的"盘古"，中国移动的"九天"，这些大模型的陆续发布，在国内掀起了一股人工智能的热潮。

中国积极推进 AI 的研究与应用，不断加强该领域的国际竞争力。2020 年 8 月，国家标准化管理委员会、中央网络安全和信息化委员会办公室、国家发展和改革委员会、科学技术部、工业和信息化部联合印发了《国家新一代人工智能标准体系建设指南》，标志着国家层面对 AI 发展的高度重视。该指南为 AI 的标准化发展指明了方向，强调在数据、算法和系统层面的重点投入，并明确提出要将 AI 的成果优先应用于制造业、智慧交通、智慧金融和智慧安防等关键领域，并着手构建统一的 AI 评价平台，以促进技术的健康发展和应用。2023 年 2 月，科学技术部副部长陈家昌指出，AI 已成为推动经济发展的催化剂，国家将在政策和资金上给予更多支持，以加速 AI 技术的创新和产业化进程。同年，全国两会上，AI 成为热议话题，ChatGPT 等 AI 技术被多次提及，体现了社会对 AI 深入产业的关切和期待。在 2024 年的全国两会上，AI 被再次写入政府工作报告，这标志着 AI 技术已深度融入国家发展战略，成为推动社会进步和经济转型的关键力量。

当前，以大模型为核心的 AI 正在向一个崭新时代全速迈进。AI 的发展依赖数据、算法和算力三大核心引擎。数据是 AI 训练的基础资源，丰富的数据可以提升 AI 模型的准确性和泛化能力，并推动 AI 技术创新。算法在数据处理、优化决策、科学研究、生活体验等各个领域发挥着重要作用，是 AI 发展的必要工具。算力为人工智能算法运行和数据处理提供支撑，是算法与数据相互作用的硬件基础，为 AI 发展提供基础能源。2024 年 7 月，中国移动发布移动云智算产品体系，紧抓三大核心引擎，依托"天穹算网大脑"编排调度全域资源、九天千亿参数模型深度调优和海量国产化算力布局，面向全社会提供从智算资源到模型服务的全栈智算产品，推动 AI 技术的发展和应用。随着三大引擎的推进，AI 可以在更广泛的领域发挥作用，从提升生产效率到改善民生，从促进科技创新到加强社会治理，AI 的广泛应用将为构建现代化经济体系提供强大动力。

AI 技术的迅速崛起，将改变全球经济。我国正在大力发展 AI 技术，推进产业应用，以期在全球科技竞争中占据有利地位。根据深圳市人工智能行业协会发布的《2024 人工智能发展白皮书》，截至 2023 年年底，中国在 AI 领域的企业数量已达到 9183 家，显示了我国在全球人工智能版图上的重要地位。未来，我国将继续加大对人工智能领域的投入，推动人工智能技术与经济社会的深度融合，为实现高质量发展目标贡献力量。

随着互联网技术的不断进步和基础设施的日益完善，中国已站在了数字化转型的前沿，每一次技术的重大突破，都深刻地重塑了人们的生活习惯和工作方式。互联网不仅将亿万人民连接在一起，更成为连接不同思想和梦想的桥梁，极大地激发了社会的创造力和活力。展望未来，我们有充分的理由相信，随着基础设施的进一步升级和创新生态系统的持续发展，中国互联网将迈向一个更加灿烂的未来，为全球贡献出更多的创新智慧和强大力量。

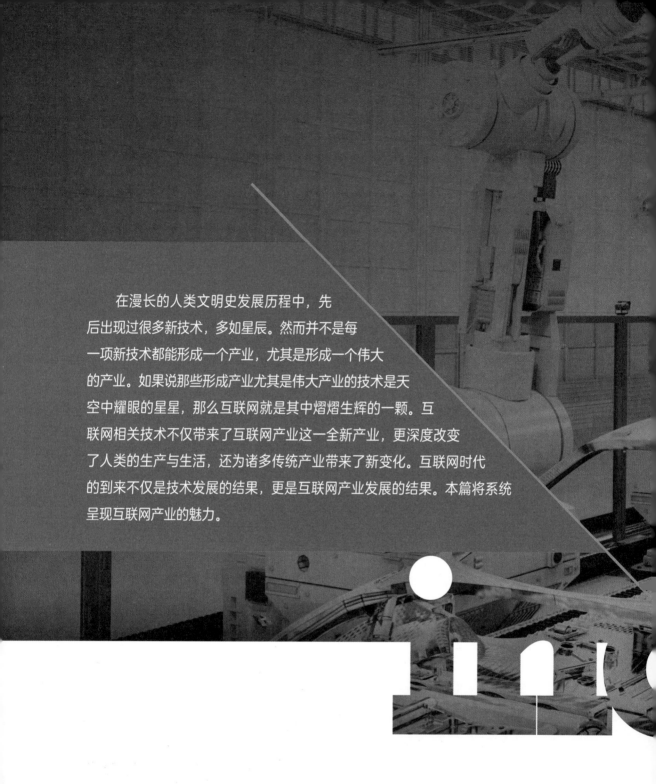

在漫长的人类文明史发展历程中，先后出现过很多新技术，多如星辰。然而并不是每一项新技术都能形成一个产业，尤其是形成一个伟大的产业。如果说那些形成产业尤其是伟大产业的技术是天空中耀眼的星星，那么互联网就是其中熠熠生辉的一颗。互联网相关技术不仅带来了互联网产业这一全新产业，更深度改变了人类的生产与生活，还为诸多传统产业带来了新变化。互联网时代的到来不仅是技术发展的结果，更是互联网产业发展的结果。本篇将系统呈现互联网产业的魅力。

第九章

新产业的破茧与蝶变

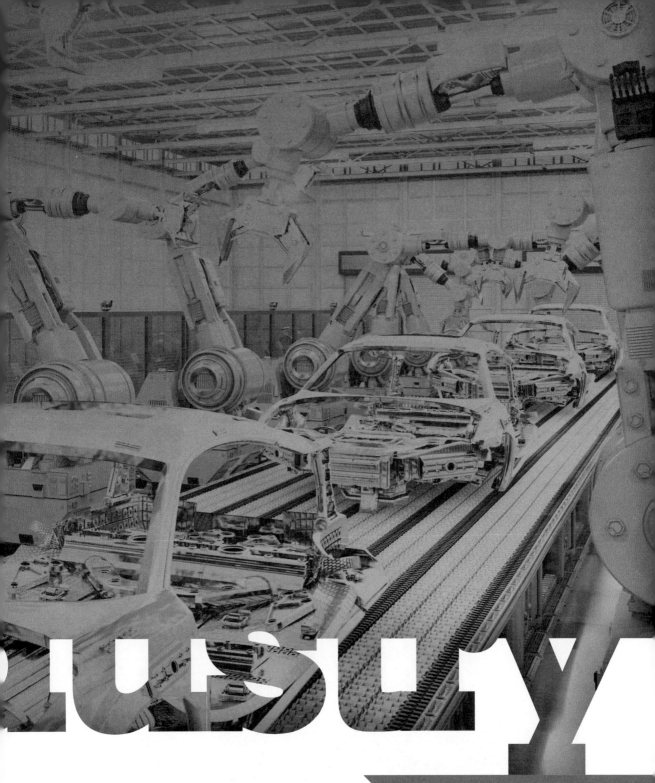

第十章

传统产业的革新与升级

产业篇

第九章

新产业的破茧与蝶变

在信息时代的洪流中，互联网如同一股不可阻挡的力量，推动着社会向前发展。它不仅改变了人们的生活方式，更催生了一个个新兴产业，这些产业在短短几十年间，从无到有，从小到大，从弱到强，逐渐成为推动中国经济增长的重要引擎。

互联网的
曙光与觉醒

在那个信息还依靠纸张和邮政传递的年代，互联网是那艘带领我们驶向未知世界的航船。它的出现重塑了我们对世界的认知，拓展了我们想象的边界。互联网的诞生犹如一道曙光，划破信息应用的长夜，预示着一个全新时代即将来临。因为，无论身在何处，只要有网络，世界就在眼前。

1996 年，北京街头印着"瀛海威"公司标志的公共汽车

1994 年，通过一条 64kbit/s 的国际专线，中国推开了通往国际互联网的大门。在北京中关村，一块广告牌以幽默而富有远见的方式，宣布着信息时代的到来："中国人离信息高速公路有多远——向北 1500 米。"这不仅是一个方向的指引，更是对我国互联网未来的一次大胆预测和探索。竖起这块广告牌的是我国最早的民营互联网服务提供商——瀛海威。

在互联网的黎明到来前，瀛海威敏锐捕捉到了其巨大潜力，它以超前的眼光和行动，竖起了这块标志性的广告牌。瀛海威免费向社会提供上网培训，点燃了公众对互联网的好奇与渴望，更在普及上网知识方面扮演了领路人的角色。不过，正如 20 世纪 90 年代众多商业故事中所展现的，理想与现实的博弈过程充满挑战，并非所有参与者都找到了通往最终成功的路径。虽然瀛海威未能成为行业的领头羊，但它无疑推动了中国公众对互联网的认知与了解。

　　1995 年 5 月 17 日是第 27 个世界电信日，也是见证我国互联网开始走进千家万户的历史性时刻。邮电部宣布向公众开放互联网接入服务，北京西单电报大楼的业务受理点前排起了长队。人群中有充满好奇心的青年学生，有寻求新机遇的商人，还有渴望接触新知识的学者。人们交头接耳，讨论着互联网可能带来的变化。他们的眼神中闪烁着对新技术的好奇和对未来的无限憧憬。

　　在那个时代，互联网对于大多数人来说还是一个新鲜事物，充满了未知和无限可能。这些人怀揣着对未知世界的好奇与渴望，认真填写表格，仔细阅读服务条款，然后缴纳费用，每一个步骤都显得郑重而充满仪式感。随着手续的完成，他们拥有了探索这个虚拟世界的第一张通行证，正式成为我国首批网民。

　　就是从这一天起，我国互联网的发展开启了新的篇章。从电子邮件到在线聊天，从网页浏览到电子商务，互联网逐渐渗透人们的日常生活

中，改变了人们之后三十年获取信息、沟通交流乃至工作和学习的方式。

瀛海威的广告牌和首批网民的诞生，都是我国互联网发展史上的重要里程碑。它们不仅见证了我国在全球信息化浪潮中的主动融入，展现了我国人民对新知识的渴望和对未来的憧憬，也标志着我国社会迈入了信息新时代。尽管起步略显蹒跚，但这些早期的探索却为我国后来成为互联网大国迈出了坚实的第一步。

互联网产业的萌芽

在 20 世纪末的最后一抹余晖中，互联网的春风开始吹拂我国。1995 年，全球互联网商业化浪潮席卷而来。美国 Netscape 的上市引发了人们对互联网商业潜力的无限遐想。在这波浪潮中，我国的创业者们不甘落后，他们怀揣对未来的梦想和热情，开始在互联网这片热土上耕耘。正是在那个充满希望的年代，如今互联网企业的佼佼者悄然生根发芽。他们的故事是激情与梦想的碰撞，是关于创新与勇气的赞歌。从搜狐的前身——爱特信公司的成立，到网易推出的中国首个免费电子邮件服务，再到腾讯的 OICQ[1] 让即时通信落地生根，以及北大资源宾馆诞生了未来改变人们信息获取方式的百度……这些看似平凡的事件，却悄无声息地种下了我国互联网未来发展的种子。太多当年看来并不起眼的瞬间，日后却成了具有深远意义的开场。在那个时代，每一次创新的尝试，每一次技术的突破，都是对未来的一次大胆投资。

1　OICQ：中国大陆地区著名的即时通信软件，它最早由中国互联网络信息中心（CNNIC）开发。OICQ 的英文名称是 Open ICQ，ICQ 是即时通信（Instant Communication）的缩写。

崛起时代：
中国式互联网冲浪

随着互联网的渗透和普及，一系列围绕消费者的在线服务和应用如雨后春笋般涌现。门户网站、搜索引擎、数字娱乐、电子商务、社交媒体和即时通信等互联网应用迎来了爆发式增长。这些新兴产业，不仅改变了人们的生活方式，更催生了无数新的职业和商业模式。

1998 年，新浪、搜狐、网易三大门户网站相继成立，成为中国互联网行业的开拓者。新浪以其即时的新闻报道迅速赢得了用户青睐，搜狐的搜索引擎和活跃社区让其独树一帜，而网易则通过提供便捷的电子邮件服务和热门网络游戏，成功聚集了大量忠实粉丝。它们的出现，不仅为人们获取信息和娱乐提供了新的平台，也为中国互联网企业的崛起和多元化发展奠定了坚实的基础。

1999 年，携程旅行网的成立标志着在线旅游服务的兴起。携程旅行网通过其创新的预订系统，为用户提供了"一站式"旅游解决方案，用户可以轻松地在线预订机票、酒店，甚至规划整个旅程，这在当时是一次革命性进步。携程旅行网的服务极大地简化了人们的旅游规划方式，使"说走就走的旅行"不再是奢望。

在互联网浪潮中，搜索引擎的崛起无疑是一股不可阻挡的力量。百度作为这场革命的领军者，以其对中文内容的深刻理解和用户界面友好的设计，迅速获得了亿万用户的青睐。

自 2000 年起，百度逐渐成为人们获取信息、学习新知识的首选工具，它改变了人们寻找答案的方式，更重塑了人们获取知识的途径。在那个年代，只需单击鼠标，世界的信息宝库就向我们敞开大门。这正是百度带给每一个普通

人的便利。无论是学术研究还是对日常生活的疑问，它精准的搜索结果和简洁界面，让每一位用户都能轻松地找到所需答案。这一应用极大地提高了信息检索的速度和效率，同时也为广告行业带来了前所未有的机遇。百度的算法优化了广告投放的精准度，为企业提供了高效的市场推广渠道。百度的成功证明了本土化搜索引擎在满足特定语言用户需求方面的巨大潜力。百度在国际舞台上不断绽放光彩，它的故事也激励着更多的中国互联网公司勇敢地迈出国门，向世界展现中国互联网企业的创新力量。

2002 年，网络游戏《传奇》的风靡，成为中国数字娱乐产业的一个标志性事件。《传奇》以其独特的游戏设计和互动体验，吸引了数百万玩家，并在年轻人中形成了一种文化潮流。这款游戏的成功不仅为之后的游戏产业树立了标杆，也展示了数字娱乐内容在塑造流行文化和推动产业发展方面的潜力。

紧随数字娱乐步伐而来的是电子商务的兴起。2003 年，淘宝网上线，并以其独特的 C2C 模式迅速占领市场。淘宝让普通百姓也能轻松地成为店主，实现了"让天下没有难做的生意"的愿景。同时，也催生了例如网络模特、电商运营等新兴职业，为社会就业开辟了新的渠道。

随着互联网产业的深入发展，越来越多的互联网公司开始涌现，它们围绕"衣食住行、吃喝玩乐"等消费端，提供了丰富多样的在线服务。这些服务不仅极大地方便了用户的日常生活，也为社会创造了大量的就业机会。电子竞技员、网络营销员等新兴职业的诞生，更是体现了互联网对传统职业结构的重塑。

2003年，新浪、搜狐、网易三大门户网站首次迎来全年度盈利。2004年，腾讯、盛大网络等公司在海外上市，标志着中国互联网公司在国际扩张之路迈出了坚实的步伐。2005年，淘宝网超越eBay和雅虎日本，成为亚洲最大的在线购物平台，这不仅是对国内电商模式的肯定，也是中国互联网公司拥有国际竞争力的体现。2007年，腾讯、百度、阿里巴巴市值先后超过100亿美元，中国互联网企业跻身全球前列。这些成就展现了中国互联网无限的创新力量。

中国互联网公司的崛起，是一段充满创新与挑战的故事，是一段由本土创业者的坚持和智慧共同书写的故事。中国互联网公司在短短十几年，从无到有，从小到大，不仅改变了中国人的生活方式，更在全球互联网版图中占据了重要的位置。当我们回顾这些公司的成长历程时，可以看到它们起初虽然是通过借鉴国际经验起步的，但是很快就展现出了独特的创新能力和对本土市场的深刻理解。

这些互联网公司的起步与进步，是中国互联网产业发展的缩影，也是中国创新力量的体现。这些故事，是对过去的回顾，对未来的启示，激励着我们继续探索和前行，值得被人们知晓和传颂。

蓬勃发展的
互联网产业

互联网经济的蓬勃发展，推动商业模式向多元化方向拓展。图书销售从传统的线下一次性付费，转变为线上订阅、免费阅读搭配广告的多元盈利模式。这种转变不仅为读者提供了更加灵活的阅读选择，也为作者和出版商开辟了新的收益渠道。同时，共享经济、众包项目、线上到线下（Online to Offline，O2O）服务等新兴概念开始出现。共享单车的普及，让城市出行变得更加便捷和环保；众包平台的出现，使每个人都能参与创意项目；而O2O服务则将线上的便利与线下的体验无缝连接。这些创新预示着一场更深远的产业变革正在酝酿，它们正在重新定义我们的工作和生活方式。

互联网改变了信息的传播方式，其速度、广度和深度都得到了前所未有的提升。搜索引擎的兴起让知识的获取变得更加高效，人们不再受限于图书馆，可以通过单击鼠标，探索世界的每一个角落。企业纷纷建立官方网站，提供电子邮件、在线购物和用户服务，进一步拉近了与消费者的距离，提升了服务质量和效率。

随着互联网应用的逐步普及，中国互

联网产业步入了黄金时代。这个时代，我们不仅目睹了互联网在中国的迅猛发展，还见证了它给社会带来的巨大而深远的变革。网络成为信息自由流通的加速器，成为人们获取新闻、学习知识、交流思想的新平台，成为知识的传播途径，成为企业推广产品、提供服务的新渠道，也成了经济增长的强大动力。然而在这辉煌的背后，在我们在享受便捷的同时，也不得不面对新的社会问题：网络安全的隐忧、信息过载的困惑、个人隐私的担忧，这些挑战是互联网时代给我们出的一道道思考题，值得我们每一个人深思。正是这些问题的出现，促使我们重新审视互联网的未来走向，寻求互联网的未来发展和治理方式，构建一个健康安全、可持续发展的网络环境。我们所追求的，是一个既能激发无限可能，又能带来信息普惠，确保个体权益的网络空间。在这里，信息自由流动而不泛滥，隐私得到保护而不被侵犯。这是我们对未来互联网的美好愿景，也是我们不懈努力的方向。

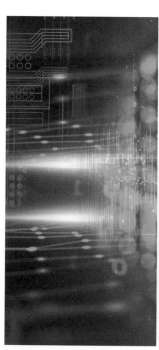

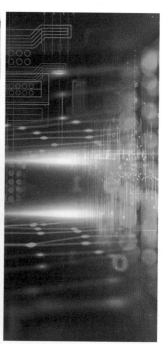

产业的持续拓展与创新

21世纪第一个十年，我国从计算机互联网时代阔步走入移动互联网时代。在计算机互联网时代，上网流量主要集中在台式机和笔记本等PC端。在移动互联网时代，流量如潮水般向手机、平板等移动端涌去。中国互联网信息中心（CNNIC）的数据则从侧面反映了这一转折性的变化，2012年6月，一个具有里程碑意义的时刻来临，手机网民数量首次超越计算机网民数量。从网民上网设备来看，使用计算机上网的网民规模占比由2010年年底的78.4%大幅下滑至2020年年底的32.8%。与之形成鲜明对比的是，手机上网的网民规模占比从2010年年底的66.2%一路猛增至2020年年底的99.7%。

移动梦网广告

移动梦网
的故事

从发展趋势动向来说，移动梦网（Monternet）等掌上应用代表着移动互联网发展的雏形，不断推动着产业、业态和商业模式的创新，启发着移动互联网时代的后来者。

2000年12月，中国移动正式推出了移动互联网业务品牌——移动梦网。移动梦网Monternet是中国移动向用户提供的移动数据业务的统一品牌，由"Mobile"和"Internet"两个英文单词组合而成，其含义为"自由互联、无限沟通"，是当时移动通信与互联网两大领域的代表，彰显着"现代、时尚、高效、创新"的品牌个性。《人民邮电》报刊文指出，移动梦网是21世纪初伟大的商业创新模式之一，它对推动中国互联网前行功不可没，发展速度屡屡使最大胆的预测都显得保守。

移动梦网是由中国移动构筑的手机上网门户平台，可提供互联网到手机的定制类和手机到互联网的点播类两类服务。移动梦网就像一个大超市，囊括了短信、彩信、WAP[1] 手机上网，手机游戏百宝箱等各种多元化信息服务。中国移动的梦网模式是 SP/CP[2] 增值业务发展的典型模式，这种开放价值链下的商务模式在全世界 ICT[3] 运营商都有着广泛的影响力。移动梦网的成功关键在于其创新的运营模式。移动梦网为服务提供商和内容提供商搭建起连接用户的坚固桥梁。中国移动将自身拥有的 WAP 平台、短消息平台向各类合作伙伴敞开大门，并以 "一点接入，全网服务" 为目标，不断升级和完善计费系统。中国移动作为搭建者与管理者，以移动梦网为核心，吸引了众多内容和服务提供商，携手为手机用户提供丰富的增值服务。在这个产业链中，互联网公司成为运营商的合作伙伴、服务提供商和内容提供商，它们为用户提供各种增值服务，增值服务费则由运营商和服务提供商按比例分成。

移动梦网自 2000 年推出以来，对我国移动互联网产生了深远的影响，并创造了巨大的产业价值。在开放合作模式上，移动梦网打破了传统的电信营销模式，提出了 "开放、合作、共赢" 的移动互联网产业链概念。这种模式鼓励不同参与者的加入，包括应用开发商、手机制造商、内容提供商等，形成了一个多元化的产业链。在产业资源整合上，移动梦网有效地整合了从终端厂商到服务提供商再到手机客户的产业链上下游环节，通过统一的品牌、规则、技术和服务，促进了各方的合作与共赢。在商业模式创新上，移动梦网的商业模式是分工合作、利益共享，这不仅激发了合作伙伴的潜力，还推动了社会信息化的进程。在技术应用与创新上，移动梦网通过短信新闻、手机游戏、位置服务等增值业务的孵化，推动了 WAP、Java 等技术的应用，使移动梦网业务不断创新。在市场发展上，移动梦网的发展经历了从大众化营销到专业化营销，再到一对一营销的阶段，这显示了移动梦网对市场需求的精准把握和对客户服务的不断优化。在信息社会影响上，移动梦网改变了

1　WAP: Wireless Application Protocol，无线应用通信协议。

2　SP/CP: Service Provider/Content Provider，服务提供商 / 内容提供商。

3　ICT: Information and Communication Technology，信息与通信技术。

信息流通的方式，使得信息可以通过手机定制或点播方式获取，这预示着信息社会商业模式的新方向。在产业资源再分配上，移动梦网创造了一种高效的信息分配机制，降低了获取信息的成本，并可能预示着未来信息社会资源分配的新方式。在推进产业链的快速发展上，移动梦网的多赢商务模式为整个产业链的持续快速发展提供了坚实的支撑。在创业创新激励上，移动梦网创业计划的推出引起了广泛关注，促进了创新和创业精神的发展。移动梦网后续孵化出"移动新闻""手机贺卡""移动QQ""移动炒股""手机游戏"等一系列互联网应用。移动梦网对产业发展具有深远影响，例如集成

信息平台的搭建、对用户习惯的培养、垂直类资讯的订阅推送等，这让历经世纪之交网络泡沫的中国互联网企业看到了未来移动互联网时代的曙光。

移动梦网这一模式为互联网公司解决了盈利难题，引领了一个时代的发展。2001年，全国短信发送量为189亿条，到2002年便猛增至800亿条。随后，中国联通的联通在信、中国电信的互联星空、中国网通的天天在线等纷纷登场，共同将市场蛋糕做得越来越大。众多互联网公司也紧紧抓住这难得的机遇，迅速崛起。网易在2001年1月成为移动梦网的第一批合作伙伴，将所有业务与短信紧

密挂钩，全力投入。2000 年网易的收入仅有 240 万元，2001 年就大幅增长至 1410 万元，增长近 490%；2002 年网易的移动增值业务收入更是暴增至 1.61 亿元，并首次实现年度盈利 4300 万元；2003 年收入达到 2.8 亿元，在巅峰时期，移动增值业务收入占网易总营收的比例超过七成。新浪、搜狐、网易三大门户网站都曾宣称，移动梦网的短信是它们的重要业务之一。

随着信息通信网络的完善、移动智能终端的逐渐普及和各种手机应用 App 的丰富，移动梦网完成了历史使命，2019 年 12 月 20 日，移动梦网正式停运，但其传奇故事将永远在互联网的历史长河中闪耀。不可否认的是，移动梦网在我国互联网发展历程中留下了浓墨重彩的一笔，它为互联网行业的发展和创新提供了宝贵的经验和启示，其影响深远而持久。它宛如一座里程碑，见证了我国互联网行业的蓬勃发展与变迁，成为时代的独特印记。移动梦网在技术和商业模式上也引领了行业发展，对社会信息化进程产生了积极的推动作用。各种平台类和垂直类移动应用受到移动梦网的影响和启示，如雨后春笋般茁壮成长起来，移动互联网舞台的大幕由此拉开。

千姿百态的新商业模式

得益于信息通信网络的完善、移动智能终端的逐渐普及，各种移动互联网应用与场景的深度融合，移动互联网催生出新的商业模式，新产业、新业态、新模式和新应用迅速崛起。移动互联网的浪潮从"吃喝玩乐、衣食住行、教育医疗养老"的生活性服务业向生产性服务业席卷而来。

在交通领域，滴滴出行等打车软件颠覆了路边拦车习惯，网约车逐渐成为大众重要的出行方式；在社会领域，微信等掀起了新的社交媒体热潮，网民纷纷做起了"微商"，为社交关系带来了新的营销模式；在传播领域，抖音、快手等短视频应用迅速崛起，用户规模和使用时长都呈现爆发式增长；在餐饮服务领域，以"千团大战"为转机，美团、饿了么等带来的互联网订餐模式，为传统餐饮服务行业注入新的商机和活力，也逐渐改变了人们的生活习惯和消费模式；在商贸流通领域，拼多多等平台依靠农产品和社交裂变实现电商突围。

在移动互联网的早期发展阶段，出行服务领域成为一场激烈竞争的前沿"战场"。滴滴出行和快的打车率先展开了一场"资金消耗战"，通过提供巨额补贴来吸引司机和乘客。在这背后，我们可以看到阿里巴巴和腾讯这两大科技巨头的身影，它们为了推广自家的支付工具美国出行服务公司，逐渐丰富自己的产业发展生态圈，不惜投入巨额资金。随后，美国出行服务公司 Uber 也进入中国市场，而滴滴出行和快的打车则选择了合并，形成了更强大的力量。最终，这场打车领域的竞争以滴滴出行收购快的打车和 Uber 的中国业务而告一段落。

据公开资料统计，2010—2011 年，国内"团购"新赛道一下子涌入 5500 多家企业，形成"千团大战"的激烈场面。以"千团大战"为代表的 O2O 领域的更新换代迅速展开，在 2013 年到 2017 年这段时间里，众多 O2O 公司通过"烧钱"来吸引客户，这种互联网思维开始变得流行。在前期的习惯培养和市场扩张之后，移

动互联网将线下的商品流通和服务消费与线上的业务流、信息流、资金流融合在"虚实空间",具有显著网络效应和规模效应的移动互联网发展模式也逐步成型。

互联网广告
"异军突起"

互联网广告自诞生以来,经历了多个发展阶段,每个阶段都与技术进步和用户行为的变化紧密相连。互联网广告的历史是一个不断演进的过程,随着大数据、人工智能等技术的广泛应用和用户需求的变化,它将继续以新的形式和策略出现。

1994 年,全球第一支互联网广告诞生,这标志着互联网广告行业的开端。美国 AT&T 公司在《连线》杂志的在线分支 HotWired 上发布了首个横幅宣传广告。这一创举开创了一项新的商业模式,即将网站的一部分版面留给广告主,类似于传统纸媒中的广告版面销售方式。这些广告版面被横幅广告,作为史上第一个在线广告的广告主,AT&T 向 HotWired 支付了 30000 美元,要求在 HotWired 网站上展示该广告 3 个月。尽管现在看来这个广告可能显得普通,但在当时,彩虹字体和直白的宣传手法却取得了巨大的成功,点击率高达 44%。这一数字对于当今的营销从业者来说可能令人感到惊讶,因为当今的横幅广告的点击率已经下降到个位数。1995 年前后,随着互联网的大众化,门户广告时代开启。在这个阶段,互联网用户规模有限,广告主要以简单的横幅形式为主。

随着搜索引擎的出现和发展,搜索引擎营销逐渐成为互联网广告的重要组成部分。广告商开始利用关键词竞价排名来提高网站的可见度。进入 21 世纪,智能手机和社交网络的普

世界上第一支在线广告

及，推动了社交媒体广告和移动广告的快速发展。广告开始变得更加个性化和互动化。程序化购买和实时竞价（Real-Time Bidding，RTB）技术的应用使广告购买过程更加自动化和高效。

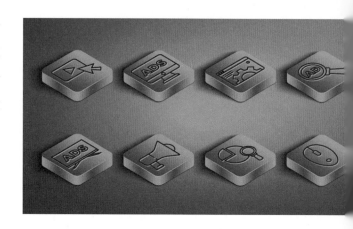

近年来，随着需求方平台的涌现，RTB成为计算广告的主流。根据市场调研在线网的数据，2017年，中国RTB广告行业市场规模达到350亿元，同比增长15.2%；2018年达到410亿元，同比增长17.1%；2019年达到470亿元，同比增长14.6%。综合来看，中国的RTB广告行业展现出良好的发展前景，未来几年市场规模有望进一步扩大。原生广告作为一种与平台内容形式高度融合的广告形式，提供了更好的用户体验，逐渐成为广告主的"新宠"。近年来，从广告策划、创意、投放到监测和优化等各个环节都有人工智能技术的身影。互联网广告行业正朝着更加多元化和创新化的趋势发展，包括大数据、VR/AR等技术的应用。

与互联网广告蓬勃发展态势相对的是，随着用户对个人隐私和数据保护意识的增强，各国开始出台相关法规，例如欧盟的《通用数据保护条例》（GDPR）等。2023年5月，《互联网广告管理办法》的实行对互联网广告行业产生了重要影响。用户开始使用广告拦截工具来避免不必要广告的干扰，这使广告商更加注重广告内容的质量和用户体验。

根据秒针营销科学院《2023中国互联网广告数据报告》，2023年，中国互联网巨头之间的竞争格局发生了微妙的变化。字节跳动凭借其旗下广受欢迎的应用（抖音和今日头条等），超越了阿里巴巴和腾讯，成为广告收入最高的公司。字节跳动在2023年保持了强劲的增长势头，实现了23.76%的年增长率，并且成为近

8年来第二家广告收入超过1000亿元的公司。2023年其他互联网公司（快手和美团等）也实现了约20%的增长，而拼多多的增长更加显著，2023年全年增速约50%，与2020年相比已经增长了近两倍，并且进入200亿美元俱乐部，有追赶京东和美团的趋势。

中国的
"Amazon"和"eBay"

　　电子商务的概念最早可以追溯到1995年，随着互联网基础建设等取得突破性进展，一种全新的商务模式出现。美国最早成立的电子商务公司——亚马逊（Amazon）于1994年7月5日创立。亚马逊起初是一家在线书店，后定位为"地球上最大的书店"，并通过大规模扩张，迅速在图书网络零售领域建立优势。1995年，eBay成立，最初名为Auctionweb，是一个C2C拍卖网站。1996年，联合国国际贸易法委员会通过了《电子商务示范法》，为全球电子商务的发展提供了法律基础。

阿里巴巴发展历程

自 1997 年开始，我国电子商务网站如雨后春笋般大量出现：这一年，中国商品交易中心和中国化工网成立，成为国内最早的两家电子商务公司，主要从事 B2B（企业对企业电子商务）业务。20 世纪 90 年代末，中国电子商务开始进入实质化商业阶段。1998 年 6 月，京东在中关村成立，并在 6 年后正式涉足电商领域。1999 年 5 月，中国第一家 C2C 平台——8848 成立。在杭州，一家为中小企业服务的电子商务公司——阿里巴巴创立；在北京中关村南大街，以图书销售起家的当当网诞生……

1999 年，阿里巴巴开始为中小企业提供 B2B 在线贸易平台，其最初是一个英文全球批发贸易市场，网站随后推出了专注国内批发贸易的中国交易市场——1688。1688 作为中国电子商务的标志性企业，曾在 2000 年年初迅速发展，但由于定位摇摆于 B2C（企业对顾客电子商务）和 B2B 之间，最终没能成功上市。2003 年，阿里巴巴推出了淘宝网，随后推出了支付宝，解决了网上交易的信任问题。淘宝的推出，以及 eBay 的衰退，使得淘宝迅速成为中国 C2C 市场的主要公司。2004 年，京东将多媒体业务转移到线上，京东多媒体网正式上线，标志着京东商城的起步。2010 年左右，团购模式从国外传入国内，引发了团购品牌的集体大 PK——从"百团大战"发展到"千团大战"。同时，B2C 模式（例如聚美优品等）开始在国内初试锋芒。

阿里巴巴是我国电子商务领域的主要引领者。2003 年，阿里巴巴创建网络零售电商平台"淘宝网"；2004 年，支付宝成立，提供电子支付和金融服务；2005 年，阿里巴巴通过并购雅虎中国，进一步拓展其搜索引擎和门户网站的业务；2008 年，淘宝网推出淘宝商城（后来的天猫），标志着阿里巴巴正式进入 B2C 市场；2010 年，阿里巴巴推出一淘网——一个面向全网的独立购物搜索引擎，进一步丰富了电子商务生态；2011 年，淘宝分拆为 3 个独立公司：淘宝网、淘宝商城和一淘网，进一步细化和专注各自的业务领域；2014 年，阿里巴巴在纽约证券交易所上市，成为全球最大的首次公开发行（Initial Public Offering，IPO）之一，为其电子商务市场的扩张提供了资金支持；2016 年，阿里巴巴提出了"新零售"概念，旨在通过数字化手段融合线上线下零售，推动零售业的变革；2020 年，阿里巴巴

阿里巴巴宣布分拆淘宝成 3 家公司

启动"春雷计划2020",帮助中小企业寻找新的商机,并推出淘宝特价版,主打工厂直供和定制化商品服务。

随着电商的蓬勃发展,物流行业也迅速兴起。阿里巴巴推出了"淘宝大物流计划",后发展为菜鸟网络。京东也自建了物流系统,为消费者提供了更好的购物体验。2009年,淘宝商城推出了"双11"购物节,其成为中国电商行业的一大盛事。随着电商市场的扩大,越来越多的资本投入这一领域,推动了行业的快速发展,同时也带来了激烈的行业竞争。电子商务网站不仅改变了传统的商业模式,也深刻影响了人们的购物习惯和生活方式。

当当网于1999年创办,是我国大型在线图书零售商。在成立初期,当当网以图书销售业务为主。2000年,随着互联网的普及,当当网迅速

当当在沈阳开办了东北地区首家实体书店

扩大了图书品种和用户基础，开始涉足电子出版物和其他商品的销售。在2004年的快速扩张期，当当网获得风险投资，进一步扩大了业务规模。在2005—2010年的多元化发展期，当当网除了图书，开始销售电子产品、家居用品、服装等更多品类的商品，并推出了当当电子书平台，进军数字内容市场。2010年，当当网在美国纽约证券交易所成功上市，成为当时中国电子商务行业的一个标志性事件。2011—2015年，面对京东、阿里巴巴等竞争对手，当当网开始寻求差异化发展，通过加强物流和供应链管理来提升用户体验。2016年，当当网完成私有化，从纽约证券交易所退市。当当网之后逐渐经历了业务转型与结构调整，强化图书和文化产品的核心优势，探索社交电商等新的商业模式。

京东集团是中国领先的电子商务公司之一，1998年在中关村创立，起初是光盘、磁盘等产品的代理商。2004年，京东正式进入电子商务领域，开通了京东多媒体网，并启用了新域名。2007年，京东商城日订单处理量突破3000个，并且在北京、上海、广州建立了三大物流体系。2008年，京东商城扩充了大家电产品线，完成了3C产品的全线搭建。2010年，京东商城开通全国上门取件服务，图书产品上架销售，实现从3C网络零售商向综合型网络零售商的转型。2011年，京东商城启动移动互联网战略，上线包裹跟踪系统，并获得了重要的融资支持。2012年，京东商城开放服务——JOS上线，这标志着京东商城系统的全面开放。2013年，京东商城完成新一轮融资，宣布注册用户数突破1亿，并开始进军金融服务领域。2014年，京东集团在美国纳斯达克证券交易所正式挂牌上市，成为中国第一个成功赴美上市的大型综合型电商平台。2017年，京东物流子集团正式成立，京东服饰得到AAFA（美国服装和鞋履协会）认证，成为AAFA的官方会员。2020年，京东工业品宣布完成对工业用品供应链电商公司"工品汇"的收购。京东工业品表示，工品汇作为京东工业品的子品牌，将成为京东企业业务服务工业制造业领域的重要一环。京东工业品已成为京东集团继京东数科、京东物流、京东健康后孵化出的第4只"独角兽"。2022年，京东集团与 Shopify 达成战略合作，成为 Shopify 首个中国战略合作伙伴。京东的发展历史展示了其从一个小规模的代理商成长为中国乃至全球知名的电子商务和科技巨头的过程。通过不断创新，京东已经建立了一个涵盖电商、金融和物流等多元化业务的集团型企业。

电子商务网站的历史是一个充满创新和变革的故事，它随着互联网技术的发展而迅速成长。随着我国电商进入快速成长期，商品信息获取、支付安全、物流配送等完整电子商务应用支持体系逐步形成。

社交网络的演进

社交网络的早期形态可以追溯到电子公告板系统（Bulletin Board System，BBS）。1994年，我国互联网 BBS——曙光站上线，它主要面向科研人员和学生开放，成为专业化的交流平台。随后，水木清华 BBS 等高校论坛成为网络社群文化的一部分。1999 年

北京国贸地铁站广告板下方的社交媒体图标

2月，腾讯发布了OICQ（后更名为QQ），迅速成为我国即时通信软件的领导者。QQ通过聊天、群组、空间等功能，在即时通信市场占据主导地位。2005年，校内网借鉴了Facebook的模式，吸引了大量校园用户。2009年，校内网更名为人人网，这标志着我国社会性网络服务（Social Networking Services, SNS）进入鼎盛时期。同年，新浪微博上线，140字的限制和名人入驻策略迅速吸引了全网关注，成为轻内容传播和名人效应的社交平台，开启了中国的微信息社交时代。2011年，微信凭借语音聊天等创新功能迅速获得用户青睐，最终成为移动社交巨头。

随着移动互联网的兴起，移动端社交网络应用开始崭露头角。2011

年，新浪微博App以其社交特性成为用户数量最多的应用之一。与此同时，中国移动推出的飞信作为移动互联网时代的一大社交工具，同样占据了重要地位。米聊、微博、飞信及QQ等应用，共同构成了当时移动社交领域的主要参与者。然而，在这场移动社交领域的竞争中，最终脱颖而出的是微信。微信的推出不仅颠覆了移动互联网的社交格局，更深刻地影响着人们的日常生活。如今，微信不仅是一个即时通信工具，还集成了支付、公众号、小程序等多功能服务，构建了一个庞大的生态系统，为用户带来了前所未有的便捷体验。微博和微信的创新，标志着中国社交网络进入了一个新的时代。

随着互联网的发展和技术的变迁，新的社交产品（例如Soul）等涌现，它们主打社交元宇宙，通过算法帮助用户找到志同道合的人，提供安全、无压力的表达空间。从 BBS 到社交元宇宙平台，中国社交网络的发展反映了互联网技术的进步、用户需求的变化及代际更迭，其演变历程不仅改变了人们的沟通方式，也对社会文化和信息传播产生了深远的影响，是人们沟通、表达和获取信息的重要渠道。

2012 年，移动互联网时代的到来催生了以 Web3.0 为代表的新的商业模式和创新思维。字节跳动公司洞察到用户在移动互联网时代对个性化信息流推送的需求，并推出了今日头条这一革命性的信息流产品。同年，快手公司（原本专注于 GIF 图片社交）也开始转型进入短视频领域，推出了同名的短视频应用，自此开启了互联网流量入口"争夺战"的新篇章。

随着移动互联网的深入发展，人们的生活习惯和信息消费方式发生了翻天覆地的变化。微信、今日头条、抖音、快手等"现象级"应用，不仅改变了人们的沟通方式，还重塑了信息获取、内容消费和社交互动的模式，引领了移动互联网时代的潮流。

字节跳动全球创作交流平台

全球第一大移动支付市场

我国移动支付的历史是一段快速发展的创新历程，它极大地改变了人们的支付习惯和商业运作模式。我国移动支付的发展历史可以追溯到 2000 年左右，当时基于对等网络及移动电话的普及，出现了最初的移动支付业务。

2004 年，支付宝作为线上交易场景的中介信用平台被推出，极大地方便了消费者和商家之间的交易，并推动了中国电子商务的快速发展。2005 年，中国出现了 50 多家第三方支付机构，例如财付通、快钱、拉卡拉等，第三方支付市场的竞争逐渐激烈。2011 年，中国人民银行开始发放支付业务许可证，这标志着第三方支付行业得到了政府的官方认可。2012 年，中国人民银行制定了全新的移动支付标准，为第三方移动支付平台的发展提供了广阔的空间。移动支付业务在中国迅速增长，成为日常生活中不可或缺的一部分。中国移动支付行业经历了从初步发展到成为全球第一大移动支付市场的巨大变革。移动支付打破了时空的约束，使消费不再局限于"面对面"，在移动支付的助推下，中国已连续 11 年保持全球规模最大的网络零售市场地位。根据中国人民银行公布的数据，2023 年，银行处理的移动支付业务 1851.47 亿笔，金额 555.33 万亿元，同比分别增长 16.81% 和 11.15%。

随着移动支付的普及，一些消费场景和消费群体面临新的问题，支付服务的包容性有待提升，政府和金融机构正努力解决这些问题。政府加强了对第三方支付行业的监管力度，出台了一系列法规和政策，规范行业发展，保障用户的资金安全和合法权益。2017 年 8 月，中国人民银行支付结算司印发的《关于将非银行支付机构网络支付业务由直连模式迁移至网联平台处理的通知》指出，自 2018 年 6 月 30 日起，非银行第三方支付机构受理的涉及银行账户的网络支付业务必须全部通过网联平台处理。网联主要是为了穿透式监管和治理第三方支付行业"野蛮生长"造成的种种乱象，网联通过可信服务和风险侦测，可以防范和处理诈骗、洗钱、钓鱼及

2018 年 6 月，支付宝和微信等第三方支付接入网联

违规等风险，减少银行与众多第三方支付机构直连的烦琐过程，让各方权责逐渐变得明确、清晰和独立。

　　我国移动支付的发展历程不仅展示了技术创新的力量，也反映了政府在监管、规范市场方面的积极作用，以及支付行业在提升用户便利性和促进经济发展方面的重要作用。随着数字货币、区块链等新兴技术的发展，第三方支付行业开始探索新的发展方向，这些技术的应用将为支付行业带来更多的创新机会和发展空间。

平台经济推动的产业合作

2019 年 8 月，国务院办公厅印发《关于促进平台经济规范健康发展的指导意见》，2021 年 12 月，国家发展和改革委员会等部门印发《关于推动平台经济规范健康持续发展的若干意见》。在政府对平台经济的一系列指导之下，以消费互联网、电子商务为代表的生活性服务业平台快速发展，互联网全面渗透生产、交换、流通、消费等环节，提高了资源要素的配置效率，由大众消费为主的需求侧推动产业开展业务、模式、生态数字化升级，将互联网作为生产生活要素共享的重要平台，逐渐形成以开放、共享为特征的经济社会运行新模式，数实融合发展进入了新的发展阶段，消费互联网、工业互联网和产业互联网逐渐成为热词。

消费互联网的主要流量入口由计算机互联网时代的网站转向移动互联网时代的文字、音频和视频等应用。快手作为短视频平台的代表，在 4G 网络的普及推动下迅速崛起，短时间内便积累了超过 1 亿的用户，成为短视频领域的"领头羊"。然而快手的领先地位并未持续太久，2016 年年底，字节跳动推出了抖音，这款产品凭借其精准的算法推荐和创新的社交特性，迅速在市场上获得了巨大的成功，并在短时间内超越了快手，成为新的短视频霸主。这一系列的市场动态不仅展示了中国互联网行业的变化，也反映了技术创新和用户需求同步推动产业的发展和变革。

互联网在产业中的应用，从营销推广、产品销售环节向研发设计、生产制造等核心生产环节加速渗透。2011 年，金蝶宣布正式启动云转型，并于 2012 年推出金蝶云企业资源计划（Enterprise Resource Planning，ERP）产品。2017 年，金蝶云 ERP 正式宣布改名为金蝶云。2017 年，用友网络推出首款云产品——U8 Cloud。2014 年，多家知名企业陆续投身于工业互联网平台。阿里巴巴、腾讯等企业积极打造 supET、WeMake 等工业互联网平台。2017 年，阿里云正式发布 ET 工业大脑；2018 年，supET 工业互联网平台发布，supET 平台基于阿里云公共云计算平台的基础能力，提供 3 个核心的工业 PaaS。2019 年，腾讯云发布了智能制造全新解决方案品牌 WeMake；2023 年，腾讯云发布

直播产业基地

智能制造 WeMake 2.0。

2017 年以来，我国工业互联网取得了长足进步，其中，网络、标识、平台、数据、安全这五大功能体系逐步得以完善，融合应用不断走向深入、迈向实际，从最初的探索起步阶段逐步过渡到规模化应用以及高质量发展的新阶段。工业互联网已然成为助力企业实现数智化与绿色化转型发展、畅通产业链供应链、推动产业结构转型升级以及赋能工业经济平稳运行的有力工具，也是推动我国经济高质量发展的坚实保障。

根据《中国工业互联网产业经济发展白皮书（2023年）》数据显示，2022 年，我国工业互联网核心产业增加值达到 1.26 万亿元，同时带动渗透产业增加值 3.20 万亿元，工业互联网产业增加值总体规模达到 4.46 万亿元，占 GDP 的比重为 3.69%。2023 年，工业互联网核心产业增加值将达到 1.35 万亿元，带动渗透产业增加值 3.34 万亿元，工业互联网产业增加值总体规模达 4.69 万亿元，占 GDP 的比重上升至 3.72%。

消费互联网与产业互联网如同两条闪耀的银河，相互交织，编织出一幅绚丽多彩的未来画卷。而在这个充满无限可能的舞台上，互联网企业纷纷跨界经营，产品和服务如同灵动的精灵，从日常消费端轻盈地向产业制造端迈进。

小米公司生产高性价比的智能手机和智能硬件产品，同时它还建立了一个庞大的 MIUI 用户社区。

2010—2014 年是小米公司初创和快速发展的阶段。2010 年 4 月，在北京中关村银谷大厦创立，同年获得晨兴资本等的 1000 万美元初始轮融资。2010 年 8 月，小米公司发布首个内测版 MIUI 系统，通过建立 MIUI 论坛，招募 100 名核心用户，让用户参与产品开发，为后续手机推出奠定了系统基础。2011 年 8 月，小米公司发布小米 1 智能手机，以高性价比为特点，开创了定制系统先河，售价 1999 元，在安卓基础上融入更符合国人使用习惯的内容，如取消应用抽屉等设计。2013 年，全球 MIUI 用户超过 1000 万；同年 7 月，红米手机诞生，通过 QQ 空间进行社会化营销，799 元的售价杀入千元机市场，首批 10 万台机器在 90 秒内售罄。2014 年，小米手机全年累计销量暴增至 6000 万台，成为业界奇迹。

2015—2019 年是小米公司调整、与转型的阶段。2015 年，小米手机销量增速开始放缓，但小米手机 4 的累计销量破千万大关，小米独占全国 15% 的智能手机市场，成为国内第一大手机品牌。然而，这一年小米手机出货量增速出现下滑，主要原因包括低价策略的短板显现，利润微薄使资金链紧张、承担库存积压风险能力低、品牌形象低端化；线上优势逐渐消失，线下市场重回大众视线，而小米线下市场是短板，且线上市场因假货等被部分消费者抵制；同时，国内智能手机市场竞争激烈，市场细分，其他品牌纷纷布局。2016 年，小米手机 5 发布，但全系列最终销量仅 920 万台。2016 年小米手机全年出货量降至 4150 万台，市占率跌至 8.9%，市占率跌出前五。不过，这一年 10 月，小米发布了具有里程碑意义的小米 MIX，开创了全面屏概念手机的先河，但因广告宣传和产

能不足等原因，最终叫好不叫座。2017 年 1 月，小米 MIX 登上春晚，但未取得理想效果。同年 4 月，小米手机 6 发布，但最终销量仅 550 万台，成为小米史上旗舰机销量最少的机型之一。2017 年，小米实现逆势反弹，手机出货量 9240 万台，同比增长 74%。2018 年 7 月，小米集团迎来高光时刻，正式在港交所主板挂牌上市，每股发售价 17 港元，上市可净筹资约 239.75 亿港元，上市估值达到 540 亿美元。2019 年 7 月，小米科技园正式开园。

2020 年至今，小米公司处于多元化拓展与高端化探索阶段。2020年，小米进入世界 500 强，排名第

小米汽车发布会

422 位。2021 年，小米宣布进军智能电动汽车产业，小米公司成立智能电动汽车行业全资子公司，踏入智能电动汽车市场这片充满无限可能的新领域。2024 年 3 月，这个注定被铭记的时刻，定价 21.59 万起的小米汽车正式发布。在那个注定被铭记的小米汽车发布会上，"蔚小理"三家新势力创始人齐聚现场，这不仅仅是一场发布会的盛景，更是中国新能源汽车产业蓬勃发展的生动写照，未来可期的气息弥漫在每一个角落。

小米的发展历史体现了其从一个小型创业公司成长为全球知名的科技公司的过程。小米以其"硬件利润永远不超过 5%"的承诺和"为发烧而生"的品牌理念，赢得了大量忠实用户，并在全球范围内建立了强大的品牌影响力。

扬帆出海，春暖花开

阿里巴巴、腾讯、华为等巨头公司将云计算、大数据等先进业务拓展至东南亚、印度、拉美等新兴市场。百度、字节跳动等公司也在人工智能、在线教育等领域大展身手，与"一带一路"共建国家展开深度合作。互联网出海服务商生态图谱。

TikTok 在全球市场取得了巨大成功，其用户数量和影响力不断扩大，成为字节跳动海外营收的主要拉动者。2017 年，抖音以"TikTok"强势登陆国外市场。2018 年，TikTok 并购短视频 App Music.ly。网络公开数据显示，TikTok 的发展如同一场令人惊叹的奇迹。截至 2023 年，TikTok 全球下载量超过 35 亿次，全球用户数超过 16 亿，月活跃用户为 11 亿左右。2024 年 3 月，英国《金融时报》称，在 TikTok "爆炸式增长"的推动下，字节跳动 2023 年的营收达到 1200 亿美元，同比增长约 40%。其中，2023 年全年约有 1.7 亿美国人使用

TikTok，其在美国的营收达到约160 亿美元，创下新高。

2016 年阿里巴巴控股的 Lazada（来赞达）服务东南亚当地商家，帮助阿里及分销商顺利进入东南亚的区域消费市场。2017 年，蚂蚁数科将其实践经验与技术能力输出至海外，服务于海外客户的数字化转型，其中代表性产品包括蚂蚁数科的身份验证服务平台 ZOLOZ、移动开发平台 mPaaS、Web3 技术服务平台 ZAN 等。

2017 年，腾讯以战略投资者身份

一举成为 Shopee（虾皮）母公司——新加坡冬海集团（Sea）的第一大股东，占股 39.7%。2022 年拼多多海外业务 Temu 刚一上线，瞬间登顶美国 Google Play 购物类软件下载榜第一。

网络公开资料显示，2018 年，中国移动国际有限公司、腾讯、阿里巴巴开始在海外布局互联网数据中心、内容发布服务业务，先从东南亚市场帮助我国出海企业解决问题，然后拓展到中东地区。2019 年，中国移动国际有限公司推出我国首张覆盖全球的云网络，在新加坡正式启动自

首届潍坊国际电商博览会东南亚
电商平台 Lazada 展台

深圳全球跨境电商展 Shopee 展台

建自营的数据中心。2020 年，腾讯云覆盖 27 个地理区域，71 个可用区。2021 年，阿里云基础设施面向全球四大洲，开服运营 27 个公共云地域、84 个可用区，此外还拥有 4 个金融云、政务云专属地域。2021 年，华为云与合作伙伴在全球共 27 个地理区域运营 65 个可用区，覆盖全球 170 多个国家和地区，聚合全球超过 3 万家合作伙伴。

我国互联网企业的出海浪潮方兴未艾，产业发展踏浪前行。《数字贸易发展与合作报告 2023》显示，2022 年我国数字服务进出口总值 3710.8 亿美元，同比增长 3.2%，

占服务进出口比重 41.7%，中国数字贸易发展规模、增速位居世界前列。商务部《中国数字贸易发展报告（2022）》的数据显示，2022 年我国可数字化交付的服务进出口额为 3727.1 亿美元，同比增长 3.4%，规模再创历史新高。其中，出口额达到 2105.4 亿美元，同比增长 7.6%；进口额为 1621.7 亿美元，同比下降 1.6%；实现顺差 483.7 亿美元，比 2021 年增长 175.4 亿美元。根据《中国数字贸易发展报告 2020》的预测，到 2025 年，我国可数字化的服务贸易进出口总额将超过 4000 亿美元，占服务贸易总额的比重达到 50%。

工程师控制机器人自动臂机
焊接电动汽车

全面开启
万物智联时代

随着数字技术的悄然融入，我们的生活正被智能化的细微变革所包围。从智能家居到智能工厂，从精准农业到智慧城市，每一个角落都已被智能设备渗透，它们通过物联网紧密相连，形成了一个庞大的数据网络。人工智能作为这场技术革命的核心驱动力，不再是遥不可及的概念，而是正以其独特的算法逻辑和数据处理能力，不断优化着生产流程的效率与精度，提升了服务质量与体验，成为众多专业人士手中解决实际问题的利器，推动着行业技术的持续进步与突破。在这场转型的浪潮中，物联网、互联网、人工智能紧密融合，相辅相成，共同构筑起一个智能、高效、可持续发展的新生态。

我国率先迈入"物超人"时代

当移动物联网的触角延伸至每一个角落，连接起亿万个智能终端时，不仅标志着技术的巨大飞跃，更预示着一个全新时代的到来——"物超人"时代。在这个时代，物品之间相互沟通、协作，构建起一个智能化、智慧型、互联互通的庞大网络。这不仅是技术的胜利，更是人类智慧的体现，自此之后我国便开启了万物互联的崭新篇章。

工业和信息化部数据显示，截至2022年8月，我国移动物联网连接数达16.98亿，较移动电话用户数多出2000万，这标志着我国正式迈入了"物超人"时代，成为全球主要经济体中的领跑者。不仅如此，我国移动物联网连接数在全球连接总数中的占比超过 70%，成为率先实现"物超人"的国家。"物超人"是物联网发展历程中一个重要的里程碑，也是我国物联网开启规模发展新征程的重要标志。随着移动物联网深度融入经济社会发展各领域、多环节，"万物互联"的愿景正加速实现。

江苏，一个充满活力的省份，智慧的火花在这里被点燃。在江苏的 15 座城市中，常州、无锡和南京等城市均被评为移动物联网"物超人"领先的城市。这些城市的智能井盖、无人驾驶清扫车和无人大货车，正在展示着物联网技术如何提升城市管理效率和产业自动化水平。2022 年世界物联网博览会在无锡召开，240 家企业带来了先进展品参展。此届物博会更加突出国际化、高端化、专业化，注重促进物联网与智能化融合，助力实现数字世界与现实世界共生。"物超人"不仅仅是连接数的增加，还意味着数据的大增长。中国工程院院士邬贺铨指出，物联网的第一步是感知数据，随后是数据的传输和分析，最终是支持智能决策。

我国在移动物联网技术创新方面一直走在世界前列。从 NB-IoT、LTE-Cat1 到 5G，我国一直是全球移动物联网技术创新的主要贡献者。这一创新浪潮推动了产业规模的持续壮大和供给能力的显著提升。政策的扶持为移动物联网的发展提供了肥沃的土壤。从 2017 年的 NB-IoT 网络建设推进，到 2020 年的 5G 网络大规模建设和 4G 应用深化，再到 2021 年的移动物联网应用优秀案例征集，每一步都为"物超人"时代的到来奠定了坚实的基础。除此之外，我国正加速构建移动物联网综合生态体系。在行业各方的共同努力下，移动物联网连接数呈高速增长态势，芯片、模组、终端等领域的优势凸显，创新融合赋能行业应用迸发出新动能。

物联网铺就产业互联网

想象一下，当你手中的智能手机变成了一位无所不能的助手，它能够带你遨游在购物的海洋，让你在指尖轻触间就能买到心仪已久的商品；它能够带你穿梭于知识的森林，让你随时随地都能沉浸在学习的愉悦中；它甚至能够带你飞跃到世界的每一个角落，让你通过屏幕就能感受异域风情。消费互联网就像一位神奇的魔术师，轻轻一挥手，就让人们的生活变得既便捷又充满无限可能，使人们的每一天都充满了新的色彩和惊喜。然而，当消费的田野渐渐肥沃，产业的森林也渴望着变革的雨露。于是，产业互联网应时而生，它像一位远见卓识的建筑师，以连接为砖，以服务为瓦，构筑起一个更广阔、更高效的智能世界。这场由消费端向产业端的转型，不仅是技术的飞跃，更是经济脉络的重塑，预示着一个万物互联、智能共生的新时代正昂首阔步向我们走来。作为利用互联网技术和工具为传统产业赋能的概念，产业互联网已然成为新的发展方向。

海尔集团通过物联网技术，在智慧家庭、智慧城市、智慧医疗等领域进行了深入探索和实践。在2023年工业和信息化部发布的《2023年物联网赋能行业发展典型案例》名单中，海尔集团旗下"面向智慧家庭的家庭大脑平台""基于人工智能＋物联网的市域社会智慧治理关键技术研究与应用"和"城

市安全风险综合监测预警平台"3个项目入选。

无锡市一直作为物联网发展的重要城市，自2010年起就连续举办世界物联网博览会。在2023年的世界物联网博览会中，无锡围绕"物联网赋能制造业数字化转型"主线，公布了"2023年数字化转型十大案例"。其中，工业互联网占据近半壁江山，上榜的4个案例分别为iSpin纺纱工业互联网协同制造管理、基于设计制造协同与工业互联网的虚拟制造平台应用场景、5G柔性生产纺织服装工业互联网平台和隐形矫治器个性化定制生产工业互联网平台。作为物联网赋能制造业数字化转型的重要手段，工业互联网是以物联网为基础的新一代信息技术在工业领域的融合应用。近年来，工业互联网逐步在无锡落地，通过工业互联网平台的建设和应用，推动制造业的数字化转型。无锡恒和环保科技有限公司自建的恒和HIDMS平台，整合了制造执行系统、企业资源规划和产品数据管理等工业软件，实现了生产流程的自动化和经营管理的数字化，显

著提升了企业的生产效率、降低了成本。

从消费互联网到产业互联网的转型过程中，科技公司正在把多年积累下来的技术能力，重新锻造成推动产业数字化、智能化的利刃，寻找新的产业场景进行深耕。产业互联网的发展不仅是技术层面的升级，更是对传统产业结构的重塑。它通过打通产业链上下游，实现资源的优化配置、提高生产效率、降低运营成本，促进经济高质量发展。未来产业互联网将更加深入地渗透到经济社会的各个领域，促进生产方式、商业模式、经济结构、就业结构、社会结构，以及政府治理方方面面的变革。这场由消费互联网到产业互联网的转型，不仅是中国数字经济发展历程中的重要一章，更是为全球经济的发展提供了新的思路和方案。

炫酷的 AI

当数字化的浪潮席卷全球，人类智慧的火花点燃了一项革命性技术——新一代人工智能。新一代人工智能技术如同一位神秘的魔术师，以数据为墨，以算法为笔，在科技的画卷上绘出了无限可能。人工智能不断学习、进化、创新，逐渐渗透到人们

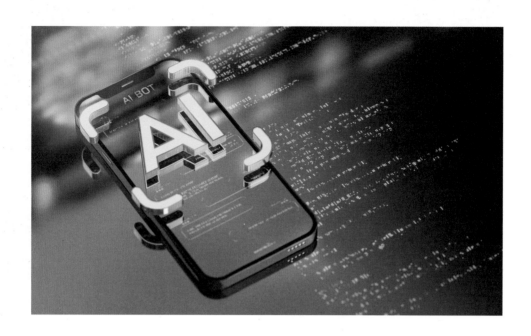

生活的每一个角落，从医疗诊断的精准服务到无人驾驶的智能导航，从智能家居的便捷生活到工业机器人的高效生产，新一代人工智能正以前所未有的速度和规模，引领着人类社会进入一个全新的智能化时代。

大数据、云计算和物联网等技术为人工智能提供了丰富的数据资源和强大的算力支持。数据和知识在人类社会、物理空间和信息空间之间交叉融合、相互作用，人工智能发展所处的信息环境和数据基础发生了深刻的变化，海量的数据、持续提升的算力、不断优化的算法模型、结合多种场景的新应用，已构成相对完整的闭

环，这些变化构成了驱动人工智能走向新阶段的动力。与此同时，人工智能的目标和理念出现重要调整，科学基础和实现载体取得新的突破，深度学习、自然语言处理和计算机视觉等领域取得了显著成果，人工智能开始在搜索引擎、推荐系统、语音识别等领域得到广泛应用。AlphaGo 战胜世界围棋冠军李世石、自动驾驶汽车上路测试等事件，成为人工智能技术实现突破的重要标志。

我国在人工智能领域的发展尤为引人注目。工业和信息化部数据显示，我国人工智能产业蓬勃发展，2023 年我国人工智能核心产业规

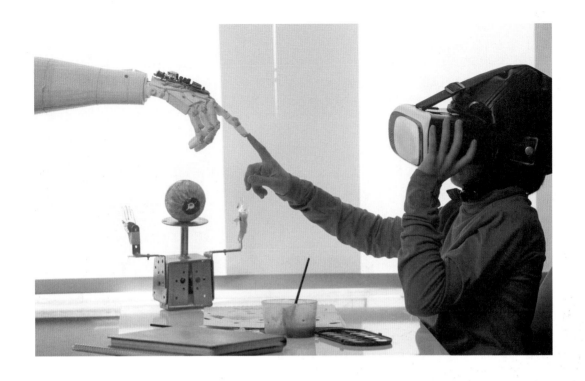

模达到 5000 亿元，企业数量超过 4400 家，融合应用深度拓展，已建成 2500 多个数字化车间和智能工厂。在人工智能基础研究、智能芯片、开发框架、通用大模型等方面，我国科研机构和重点企业持续夯实技术底座，创新成果不断涌现。为了推动人工智能技术的健康发展，我国政府出台了一系列政策，例如《生成式人工智能服务管理暂行办法》等，为人工智能前沿创新和健康发展指明了方向。产学研用的深度融合也为人工智能的发展提供了新的动力，高校与企业合作，推动了人工智能技术的教育和应用，例如教育部与华为联合启动的"智能基座" 2.0 项目。人工智能技术的广泛应用正在改变着社会的各个方面。

人工智能将继续推动科技、经济和社会发展。一方面，人工智能的应用给人们带来诸多便利；另一方面，其带来一系列潜在问题，例如，机器替代人工可能使结构性失业更为严重，隐私保护成为难点、数据拥有权、隐私权、许可权等的界定存在困难等。面对智能化带来的挑战，社会需要思考如何适应这一变革，实现与人工智能的和谐共生。新一代人工智能仍将持续发展，它的发展将深刻影响每个人的未来。随着技术的不断成熟和应用的不断深入，一个智能化的全新时代正在到来。

20 世纪末，一场悄无声息的变革在各个产业中酝酿。让我们把时间的指针拨回到 1994 年，中国全功能接入互联网，这个当时看似虚无缥缈的新生事物，却在后来几十年里引发了一场翻天覆地的变革，不仅重塑了技术格局，更引发了一场深刻的思维革新。

互联网的触角逐渐延伸至传统产业的核心，这些产业开始了一场以数字化转型为核心的革新。"+ 互联网"便是在这样一个充满活力的时代背景下诞生的，它不只是追

第十章
传统产业的革新与升级

逐潮流的口号，而是一场革新，翻开传统产业与互联网深度融合的新篇章，推动企业以前所未有的速度创新和发展，共同绘制出一幅产业革新与升级的宏伟蓝图。在这个新时代，"+互联网"的出现，预示着一场关于连接、效率和创新的革命。在这一发展过程中，互联网的角色发生了转变，它不再仅仅是传递信息的工具，更是企业创新和发展的加速器。通过与互联网的深度融合，传统产业开启一段全新的发展旅程。

"＋互联网"
的魔法

1994 年，中国实现全功能接入国际互联网。彼时，互联网的发展主要以"连接"为核心，以改革通信方式为主要目标。

仅仅三年后，互联网的魔力开始显现。1997 年，网易、搜狐、新浪、雅虎中国、百度等中文互联网搜索引擎的相继出现，它们如同星辰般点缀着信息的夜空，让信息搜索的成本大幅降低，信息变得触手可及。企业开始觉醒，意识到互联网不仅仅是一种通信手段，它更是一把打开新世界的钥匙。人们开始利用搜索引擎、电子邮件、社交媒体和即时通信工具，以前所未有的方式与世界对话。这些多元化、低成本的线上渠道，让传统企业能够触及更广阔的市场，与潜在客户建立联系，营销活动因此焕发出新的活力。

然而，互联网的真正魔力，远不止于此。它更像是一种全新的思维方式和社会运作逻辑，随着时间推移，正在以难以想象的速度，深刻改变着企业的运行模式，也改变着我们的生活和工作方式。"＋互联网"正是这种改变的最佳诠释。

想象一下，你最喜欢的那家老书店，那里的商品和服务都是你熟悉的，但突然间，你发现这家书店似乎变得不一样了。现在它不仅有实体门店，还开了网店。你可以通过手机轻松浏览店内的商品，甚至在家下单后

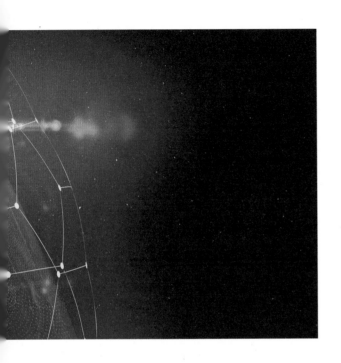

直接到店取货。这样，无论你身在何处，都能轻松浏览和购买书籍。这种线上线下的无缝结合展示了"+互联网"的魔力——利用互联网提升服务的便捷性和效率。

"+互联网"是一种以互联网作为催化剂的跨界融合，是传统行业将互联网技术融入自己的业务，以此提升服务效率和质量的一种发展模式。但它并不是简单地将线下业务搬至线上，而是一种深层次的融合。传统行业通过互联网技术能够全面升级业务流程、运营方式和管理模式，以更好地适应快速变化的市场环境。

十五年前，互联网和实体几乎是两个完全对立的概念，大家谈到最多的词是"颠覆"和"取代"。面对互联网对传统行业的冲击，不同的企业有着不同的反应：有放弃传统优势激进转型的，也有故步自封一味守卫疆土的。但苏宁却坚信："互联网只是工具，未来会像阳光、空气和水一样弥漫整个社会，并最终成为标配。"接下来，让我们跟随苏宁的脚步，探索一家传统零售企业是如何觉醒并适应这一变革，通过"+互联网"实现自我革新和市场定位的。从一家地方空调专营店，到成为电器零售界的知名品牌，再向互联网平台转型。

拥抱互联网，一个伟大的决定

苏宁树立了传统企业利用互联网技术打破行业界限、开创全新商业模式和服务体验的典范。苏宁的发展历程不仅标志着一家公司的蜕变，更是整个家电连锁零售行业在互联网浪潮中寻找生命力的缩影。

1990 年 12 月 26 日，苏宁第一家空调专营店创办于江苏省南京市宁海路，开启了空调专营零售的十年。

1999 年的一个夜晚，这家电器零售店的招牌在夜色中格外醒目，这时的苏宁已经小有名气。而它的战略规划者，正在思索着一个即将改变公司命运的大胆计划——紧跟行业趋势拥抱电商潮流，将公司的电器零售业务推向广阔的互联网平台。这次思考是苏宁的重要转折点。自此，苏宁开始对电子商务模式进行深入探索，研究承办了新浪网首个电器商城，尝试门户网购嫁接，最终于 2005 年组建 B2C 部门，开始自己的电子商务尝试——"苏宁电器网上商城一期"面世，销售区域仅限南京。到了 2006 年 12 月，"网上商城二期"开始面向南京、上海、北京等大中城市提供在线销售服务。

2019 年 11 月 4 日，南京，苏宁总部，苏宁易购 2019 年"双11"主题 "全场景 共进极" 造型标牌异常醒目

2009年，互联网技术正如一股不可阻挡的洪流，改写着世界的规则，重塑着商业的版图。在这样的背景下，苏宁电器在它的名字中添上了"易购"二字，将"苏宁电器网上商城"更名为"苏宁易购"。这不仅仅是一个简单的品牌更名，更代表着苏宁向互联网化转型的坚定决心。试运营半年后，2010年2月，"苏宁易购"B2C网购平台正式对外发布上线。通过"营销变革"，苏宁开始尝试全品类经营和全渠道拓展，在苏宁易购和乐购仕中大力推广非电器品类，并将产品线延伸至百货、图书、母婴、虚拟产品等多个领域，推进营销及服务的创新。这一举措极大丰富了消费者的购物选择，提升了苏宁易购的竞争力，也为其后来布局"场景引力"，喊出"全场景，共进极"的口号打下了基础。2014年开始，苏宁推动资金流、物流、信息流等后台核心能力逐步互联网化，提高了运营效率和服务质量。2017年，苏宁将互联网技术及资源整合到线下渠道，升级线下各种业态，实现线上线下O2O融合运营，形成了苏宁智慧零售模式。

从"+互联网"到"互联网+"

2015年，国务院印发的《关于积极推进"互联网+"行动的指导意见》将"互联网+"战略上升到国家发展层面，把互联网的创新成果与经济社会各领域深度融合，推动技术进步、效率提升和组织变革，提升实体经济创新力和生产力，形成更广泛的以互联网为基础设施和创新要素的经济社会发展新形态。"互联网+"上升到国家发展层面，互联网的创新成果与经济社会各领域深度融合，着力推动互联网与实体经济融合发展。"互联网+"相关融合创新技术迭代升级，为数实融合的进一步发展营造了良好的产业环境。2016年习近平总书记在网络安全和信息化工作座谈会提出，推动互联网和实体经济深度融合发展，推进网络强国建设，做好信息化和工业化深度融合这篇大文章，以信息流带动技术流、资金流、人才流、物资流，促进资源配置优化，促进全要素生产率提升，这是中央高层首次提出以互联网为代表的数字技术与实体经济融合发展的战略。

从"+互联网"到"互联网+"，虽然只是简单加号位置变化，却代表了不同时代、发展阶段和战略重点。"+互联网"是传统行业在现有业务基础上引入互联网技术，以提高效率和扩展服务渠道。"互联网+"则强调互联网作为核心引擎，推动各行各业进行深度融合和创新，形成新的业态和商业模式。

在"+互联网"时代，企业更多关注如何有效整合新技术，利用互联网优化现有流程、建立网站、开展电子商务。这个时期，互联网的影响相对局限，主要是企业内部运营和营销手段的改进，是对现有业务的补充和增强。而"互联网+"时代则要求企业进行更深层次的思考，进行更大胆的尝试和突破式创新，将互联网的创新思维和方法融入产品和服务的设计、生产、销售等各个环节。通过整合不同行业的资源和能力，以及对业务模式的重塑、组织结构的调整，甚至是对企业核心价值的重新定义，创造出全新的产品和服务。

从"+互联网"到"互联网+"的跨越，本质上是对企业"+"位置的探索和重新定义。在这个过程中，企业必须深入审视自身的核心竞争力，敏锐地捕捉到市场变化，重新构建与用户的关系。正确的"+"位置能够为企业带来竞争优势，使其在激烈的市场竞争中保持领先。错误的定位则可能导致资源的浪费和战略方向的迷失。在"互联网+"的大潮中，每个企业都在寻找自己的加号位置，这是一场技术的革新，更是一次对企业智慧和战略眼光的考验。它们需要保持清醒的头脑，不断学习和适应，勇于探索新的商业模式，拥抱开放的互联网文化，适应不断变化的市场需求，才能找到新的生存和发展之路。

当互联网成为一种思维

不断完善的网络基础设施和广泛覆盖的网络设备为互联网等数字技术应用奠定了基础，为数实融合创造了良好的应用环境，数字化生态对传统企业转型的赋能作用逐渐凸显。传统企业充分利用现有互联网接入资源等信息化解决方案，有效提高基础通信、生产管理、安全监控、营销服务、行政办公和技术创新各领域能力，促进供应链管理优化。大中型企业则纷纷成立信息部或者信息中心等独立分管企业信息化的部门，专门负责 OA[1]/CRM[2]/SCM[3]/MIS[4]/ERP 等系统的规划和建设。互联网成为数字时代企业腾飞的新引擎。成功的企业在研发设计、生产制造等关键环节大胆引入 CAD[5]/CAE[6]/CAM[7]/MES[8] 等信息化工具。通过集成先进的质量控制系统和自动化技术，企业如同拥有了一双锐利的眼睛，能够紧紧盯住生产流程的每一个细节，巧妙地利用数字工具和平台进行数据分析和流程优化。借助移动高速互联的网络技术，企业资源规划系统就像一个超级管家，把财务账目、预算分配和成本控制管理得井井有条。产业供应链龙头企业应用电子商务类供应链数据共享平台，推动上下游中小微配套企业踏上数字化转型升级的快车道。而在销售和市场营销的舞台上，互联网等数

字技术的应用让企业拥有了超能力，使其能够无比准确地分析消费者行为和市场趋势，与潜在客户进行高效沟通。社交媒体、搜索引擎优化和在线广告等网络工具，就像是企业的得力助手，帮助企业实现精准营销和个性化推广，品牌知名度和市场占有率一路飙升。

汽车行业正朝着智能化、电动化、共享化、轻量化的方向发展，"互联网＋汽车"的结合模式成为新常态。比亚迪是全球最大的新能源汽车研发生产商，也是"互联网＋"发展的积极参与者。自 2010 年比亚迪新能源大巴和出租车上路运行以来，公司在智能调度和网络化运营方面积累了大量经验。新能源汽车的商业化面临技术成熟度、基础设施建设、民众意识转型和政策支持等方面的挑战。比亚迪在汽车领域重视销售渠道的建设，通过投资重建销售网络来实现市场销量的扩张。比亚迪采用"人＋夹具＝机械手"的生产模式，具有快速响应客户订单、技术难度低、使用灵活等特点。2010—2013 年，专车市场发展缓慢，但 2014 年起，在移动互联网应用习惯的养成和政策

1　OA：Office Automation，办公自动化。
2　CRM：Customer Relationship Management，客户关系管理。
3　SCM：Supply Chain Management，供应链管理。
4　MIS：Management Information System，管理信息系统。
5　CAD：Computer Aided Design，计算机辅助设计。
6　CAE：Computer Aided Engineering，计算机辅助工程。
7　CAM：Computer Aided Manufacturing，计算机辅助制造。
8　MES：Manufacturing Execution System，制造执行系统。

支持下，专车服务市场迅速崛起。比亚迪推广"互联网＋绿色出行"模式，通过后台云计算和大数据管理车辆和用户，满足市场需求，实现资源高效配置。

比亚迪在汽车信贷业务的移动化改革中也取得了显著成效，这体现了互联网信息技术在金融服务中的重要作用。融迪通 App 作为比亚迪移动化平台的核心，整合了光学识别技术和数据一致性核验等多项先进技术，极大地增强了数据验证的准确性和风险识别的精确度。通过这些技术的融合，平台能够更加精确地评估和控制贷款风险。此外，融迪通 App 还嵌入了比亚迪自主开发的贷款风险评价体系。这一体系能够自动识别客户的风险等级，有效地筛选出优质客户，同时排除高风险客户群体。这种主动的风险管理策略不仅提升了事前风险防控的精细化水平，而且有助于维护贷款资产的质量。这一系列创新不仅提升了用户体验，还提高了金融服务的安全性和效率，展现了信息技术在推动金融行业发展中的巨大潜力。

比亚迪智能汽车

传统经济的触网"蝶变"

我国经济社会数字化转型进程加速，5G、云计算、大数据、人工智能、区块链进入各行各业打造应用场景。产业链上下游协作水平快速提升，实现由生活性服务业向生产性服务业转变，通过供需适配、减少中间流通环节，带动生产性服务业数智化转型。信息连接便捷化使数据可在各类主体间流转，实现产业链上下游企业间的信息共享、资源整合、流程优化与技术联合创新。产业边界逐渐打破，不同产业资源相互渗透重组，跨产业融合创新趋势愈发明显，催生出智慧农业、智能制造、智能交通、智慧物流、数字金融、数字商贸等新兴产业形态。

海尔作为我国乃至全球知名的家电制造企业，在互联网转型和智能制造领域取得了显著成就，成为企业信息化建设和数字化转型的经典案例。海尔从 2005 年开始提出并实施"人单合一"的管理模式，形成了一个不断循环和自我更新的生态系统。2012 年年底，海尔宣布正式进入网络化战略阶段，向平台型企业转型。海尔推动了"企业平台化、员工创客化、用户个性化"的"三化"战略，全面推动平台企业的转型和落地。2014 年，海尔打造卡奥斯 COSMOPlat 工业互联网平台，多个互联工厂被评为世界经济论坛"灯塔工厂"。海尔对传统制造模式的颠覆，从大规模制造转型到大规模定制，实现了有效供给和需求的匹配，发挥其拥有的深厚制造业经验积累，从精益工厂、超级工厂到互联工

卡奥斯 COSMOPlat 工业互联网平台展台

厂，加速了大数据、云计算、人工智能等新一代信息技术与实体经济的深度融合。随后，海尔成立科学与技术委员会，聚焦专业领域的芯片与操作系统、AIoT/感知与交互、数据生产力等共性关键技术，实施核心科技攻关。据统计，海尔在全球拥有 2 万多名科技人员，以及 "10+N" 开放式创新生态体系，其以用户为中心，连接全球创新资源，集聚产学研用各方力量。同时，海尔聚集创客平台，吸引用户形成生态圈，通过数字化转型，海尔实现了从传统家电制造商到智慧生活解决方案提供商的转变。2017 年，卡奥斯 COSMOPlat 工业互联网平台入选《工业互联网标准体系框架》，海尔的互联网转型和数字化建设不仅为自身带来了巨大的发展，也为我国乃至全球的制造业企业数字化转型提供了宝贵的经验和启示。

"数实融合" 的新生

在数字技术的春风中，传统产业迎来了它的第一次华丽转身。这不仅是一场技术的革新，更是一次灵魂的觉醒。当古老的工艺与现代的代码相遇，当机械的轰鸣与数据的流动和谐共鸣，人们见证了一场前所未有的变革。产业的每一次跳动，都在数字的韵律中变得更加精准和高效。平台化、智能化不再是遥远的梦想，而是触手可及的现实。在这个融合的新时代，数字技术与传统产业的紧密结合，孕育出了数实融合的新生，它们共同编织着一个更加智能、更加互联的未来。这是一场革命，也是一次重生，它让人们相信，无论时代如何变迁，创新与进步永远是推动世界前行的不竭动力。

数字技术与传统产业的初次拥抱

想象一下，当古老而沉稳的传统产业遇见活跃而创新的大数据、人工智能等数字技术，就如同一位历经风霜的老画家拿起了数字画笔，开始在工业的画布上绘制出一幅幅生动的未来图景。这些技术像是施展了魔法，

无锡制造业智能机械臂

将数据转化为洞察，将算法转化为效率，将传统产业的每一个环节点亮，激发出无限的创新潜力和生产活力。在数字化转型的浪潮中，我国正经历着一场深刻的变革，大数据、人工智能等数字技术与传统产业的融合，正在编织着一个个生动的故事。

在制造业的腹地，一条条智能化的生产线正在涌现。机器人手臂在精确的算法指挥下，进行着复杂的装配作业。通过深度学习，这些智能系统能够自主学习并优化生产流程，大幅提升了产品的质量和生产效率，推动了制造业的转型升级。

在广阔的田野上，无人机携带着传感器进行作物生长情况的监测，大数据分析帮助农民精准施肥、灌溉，确保作物健康生长，提高农业生产效率，同时也保护了环境。

在车流不息的大马路上，交通信号灯根据实时车流量自动调节，城市安全监控系统通过图像识别技术及时发现并处理异常情况。数字技术与传统城市管理的融合，让城市生活更加便捷、安全。

在救死扶伤的医疗领域，人工智能辅助医生进行疾病诊断，大数据分

智能交通与高速公路交叉口　　　　　　　　　　　　　　　智慧医疗技术应用场景

析帮助研究人员发现新药。远程医疗、智能健康监护设备让医疗服务更加精准、个性化，为人们的健康提供了更有力的保障。

在知识传承的教育行业，智能教育平台通过分析学生的学习行为，提供个性化的学习建议。在线教育平台打破了地理限制，让优质的教育资源得以普惠更多地方。

前沿的数字技术为我国产业发展带来新的动力，是数字化、网络化、智能化的基础，是数实深度融合的催化剂。这不仅仅是技术的应用，更是产业模式、商业模式的创新，数实融合不断走深走实将助力我国经济社会高质量发展。以上故事只是开始，未来将有更多的传统产业与数字技术融合的激动人心的故事。

趋向平台化、智能化的产业变革

在数字化的浩瀚星海中，平台化与智能化如同两颗璀璨的星辰，引领着产业革新的航船破浪前行。它们交织成一张张精密的数字网络，将数据的脉动输送至每一个角落，为实体经济的筋骨注入智能的基因。这不仅是一

老师与学生一对一在线教育

场技术的升级，更是一次产业模式的深刻蝶变，它正以前所未有的速度和广度，促进数字经济与实体经济深度融合，绘制出一幅幅高效、绿色、智能的未来产业新图景。

在数字化转型的浪潮中，平台化和智能化成为推动实体经济与数字经济融合的关键特征。平台成为新的产品和服务载体，围绕平台形成数字产业生态。通过平台，投资者不仅可以通过众筹的方式支持各产业发展项目，获得产业回报和投资收益，而且通过平台可以为客户提供"一站式"服务，进一步拓展了业务范围和市场空间。产业数字化转型呈现出以平台化为转型基础，以智能化为转型目标的新特征。以下是几个与这一变革相关的故事。

故事一：工业互联网平台的兴起

在江苏，新联云智能化焊接工业互联网平台面向企业内部研发的服务于工厂、车间、产线多个维度自主研发的工业互联网平台。通过引入 5G 技术，升级传感器、物联网等技术感知技术，借助人工智能、机器学习等技术进行数据分析和处理，实现工厂关键的设备与网络互联，设备 5G 联网率达 100%，通过应用基于"5G+"视觉检测技术，实现了多工位的在线检测，严格控制产品质量，确保产品性能和可靠性。工业互联网平台建设及应用作为赋能产业转型升级的重要途径，促进平台技术、产品、解决方案等与产业各关键业务环节深度融合，推动以"智"变创"质"变，为产业乃至经济发展注入新动力。

故事二：智慧农业的突破

山东省德州禹城市梁河新村的大棚种植户通过查看手机 App "大棚宝"的预警信息提示，即可第一时间获悉蔬菜大棚内的温度变动，再也不用频繁地到棚内用传统温度计测温了。通过大数据互联互通、智慧分析，大棚可节约 5%～20% 的人力，管理上更科技化、透明化，同时实现了生产有记录、信息可查询、流向可跟踪、责任可追究的蔬菜质量全流程智慧追溯。临沂临沭县金

智能农业技术与智能手臂机器人

丰公社将传统农业与数字农业进行创新转化，建立数据大平台，农机手可以实时收集并回传农田面积、经纬等数据，并能同时监测土壤墒情。数据通过智慧农业管理平台分析处理，可以为托管的农田制定个性化管护方案，实现精准用药、用水。

故事三：智慧交通的构建

深圳市交通相关部门契合城市发展和交通管理的实际需要，在智慧交通发展理念和方法上不断创新，持续开展智慧交通的规划建设工作，在交通运输管理、交通运行管控、新基建等领域创造了若干个"全国领先"和"全国第一"。深圳市推出了全球首个交通排放实时监测平台、全国首个城市级交通仿真系统、全国首个 5G+ 自动驾驶应用示范港口（妈湾智慧港）、全国首个城市级北斗 + 互联网租赁自行车管理模式、全国首个智慧交通集成示范区（福田中心区）、全国智慧机场示范标杆（宝安国际机场），发布全国首部智能网联汽车管理综合性法规（《深圳经济特区智能网联汽车管理条例》），奠定了深圳市在全国智慧交通领域的领先地位。深圳市智慧交通建设在城市排堵保畅、秩序保障和交通服务等方面提供了强有力的支撑，为超大城市的安全高效运转打下了坚实基础。

故事四：金融科技的创新

上海交通银行作为金融"国家队"，积极运用科技创新，践行金融为民、服务实体的使命担当，坚定不移走好中国特色金融发展之路。在场景布局方面，交通银行运用人工智能为客服人员提供智慧化知识推荐、辅助工单总结等功能；为营销人员提供个性化营销物料，生成差异化营销方案；为软件开发人员提供代码生成、代码纠错、注释生成和单元测试等能力。平安消费金融利用人工智能、区块链、云计算、大数据等前沿技术，实现了业务流程网络化、审批决策自动化、借贷服务线上化，有效提升了金融服务的可得性。

故事五：教育平台的智能化

　　中国移动为兰州市第十九中学下沟校区提供 5G 智慧校园解决方案，将学校原用的校讯通、备课软件、德育评价、通知发布等应用能力进行聚合，统一入口；部署出入管理、校园文化、共享阅读、互动学生卡等服务，实现学校考勤打卡、访客申请、信息发布的自动化、线上化。学生可以与家长进行平安通话，家长也可以通过平台实时查看学生定位和活动轨迹，家长对孩子的安全监管需求得以满足。

　　这些故事展示了平台化和智能化如何作为数实融合的重要驱动力，推动了不同行业的数字化转型。随着技术的不断进步和应用的不断深入，未来将有更多的产业实现数实融合，创造出更多的发展机遇和可能性。

三十年来，在互联网科技革命的浪潮中，人类社会加速进入数字时代。数字生活持续为人民群众带来获得感、幸福感、安全感，不断构筑生动的数字生活新图景。新时代以来，数字中国建设扎实推进，互联网技术始终朝着造福社会、造福人民的方向发展，持续推进普惠化便捷化，赋能重点群体成长与发展。

第十一章
数字生活启航远行

第十二章
绘就数字生活壮美图景

第十三章

为"一老一小"保驾护航

生活篇

第十一章
数字生活启航远行

随着新一代信息技术的蓬勃发展和深度应用，互联网浪潮向更大范围、更高层次、更深程度持续拓展，推动人们的数字生活从扬帆启航到行稳致远，不断拓宽人们生活广度、改变人们的生活方式、提升人们的生活质量，使人们真切享受着数字赋能的美好生活。

互联网三十年，是我国网民规模持续增长和网民数字技能水平稳步提升的三十年。自 1994 年实现与国际互联网全功能接入以来，"数字"触角开始普及。1997 年，我国网民数量仅为 62 万，不足当时全球 7000 万网民的 1%；2008 年，我国网民数量已达到 2.53 亿，跃居世界首位。随着智能手机加速普及，2012 年，我国手机上网人数首次超过 PC 端上网人数。经过几轮网络提速升级，2021 年，我国互联网上网人数突破 10 亿大关。2023 年，超过 60% 的老年人也跨越"数字鸿沟"，实现自主上网。

从最初的小众群体到如今的十亿级用户规模，从衣食住行到工作娱乐，数字技术创新推动着我们的生活空间不断拓展，生活场景不断丰富，生活方式不断变迁，展现出为社会发展赋能，为生活添彩的强大影响力和创造力，绘就了一幅全民畅享数字生活的新图景。

PC 互联网开启 美好数字生活

可以将 1994—2010 年人们主要通过 PC 端上网的时期，称为 PC 互联网阶段。在这个阶段，电子邮箱、门户网站等第一代互联网产品，为人们推开了信息时代的大门。人们的生活开始从线下向线上转移，互联网新理念、新业态、新模式大量涌现，人们的信息获取途径、社交模式、消费范式和娱乐方式都发生了深刻变革。

海量信息扑面而来

"知识就是力量，信息就是知识。"在互联网早期，大多数用户上网的首要目的就是"查询信息"。与此同时，互联网早期发展最为迅速的也是各大门户网站。门户网站不仅能够提供丰富的信息资源，也是人们进入互联网最直接的渠道。

网易、新浪、搜狐等门户网站，以其朝气蓬勃、多元包容的面貌，彰显着开放、平等、协作、快速、共享的互联网精神。网易的前身是以计算机、游戏为主的社区论坛，其特色在于高访问量的论坛和聊天室。搜狐是我国第一家新闻搜索门户网站，其优势在于强大的搜索能力。新浪则在内容方面做得深得人心，尤其是时事、财经、科技、体育等方面的新闻和专题报道，赢得了业界良好口碑。早期的门户网站，虽然延续了报刊、广播、电视等传统大众媒体的由编辑等专业人士制作信息的内容生成方式，但在信息的传播、运营等方面已经取得了重大突破，大幅提升了人们获取信息的便捷性和主动性。

百度一下 你就知道

继门户网站之后，一个可以快速、准确获取信息的工具——搜索引擎开始崭露头角。大到求职、育儿，小到吃饭、出游，都可以先搜索一下别人的经验；遇到各种新问题、新知识、新名词，只要搜索查询，便可一目了然；音乐、视频均可以通过搜索找到文件来源……一夜之间，搜索成为网民生活必不可少的组成部分。搜索引擎不仅缩短了人与信息的距离，加快了获取信息的速度，而且已经在不知不觉中改变了人们的生活方式。

一些资深网民也会选择信息订阅、手机上网等更为前沿的方式获取信息。以信息订阅为例，人们可以通过专门的阅读软件或者电子邮箱订阅自己感兴趣的内容，并像阅读报纸一样，在不打开网站的情况下一览关注领域的重要信息，这既节省了人们到各个网站浏览相关内容的时间，又保证了重要信息不被忽略，成为当时职场精英信息获取的重要方式。而手机上网作为下一代移动互联网的萌芽，则可以让人们随时随地浏览资讯、获取信息。

"地球村"里的"宅家社交"

"其实网络上的邂逅，
应该可称之为浪漫。
因为浪漫通常带点不真实，
而网络并不真实。
所以由此观之，
网络上的邂逅是具备浪漫的条件。"

——《第一次的亲密接触》

互联网的出现深刻影响了人际交往的过程与行为，时间、空间不再是社交难以跨越的鸿沟，世界缩小为地球村，足不出户的线上社交成为人们建立发展和维系人际关系中不可缺少的因素。1996年，BBS在国内迅速发展起来。"打开BBS，回复站内留言，分享遇到的事情，你一言我一语"成为当时网友的BBS日常。

猫扑、西祠胡同和天涯是我国互联网早期最大的3家综合类BBS，它们以其独特的品位和风格，开创了我国互联网社交的先河。早期的猫扑作为游戏垂直社区，将所有帖子集中起来，发布于同一界面，形成独特的集中式信息流，成为广为人知的"猫

扑大杂烩"。西祠胡同属于"特立独行"的BBS，它规定"登录才能浏览"，也是国内唯一由网友自定讨论主题、自行开设版面的著名网络论坛，其论坛版面多达十几万个。天涯是由商业运营的BBS，拥有大量优质的网络作家、写手，形成了以人文思想、文学创作及社会热点为特点的发展格局。不同爱好、不同观点的"版友"汇聚于此，分享工作、学习和生活，BBS已经与大家相伴而生，成为人们获取信息、寻求支持，甚至学习技能的重要平台。

此外，BBS作为我国第一代社交平台，其交友功能不容小觑。1998年，我国第一部网络畅销小说《第一次的亲密接触》横空出世，这本书再现了BBS社交的经典情景，两个有趣的灵魂通过BBS相识、相知、相爱，引发全国网民追捧，构建了从内容分享交流到社交关系建立，再到亲密关系建立的互联网社交新范式。

在BBS发展得如火如荼的时候，一款软件的上线创造了一个全新的社交时代。1998年，腾讯公司成

立，致力于研发中文即时通信软件。1999 年年初，第一个 QQ 版本悄然上线，供用户免费下载。2002 年，QQ 注册用户突破 1 亿大关，开始逐步成长为国内即时通信的领导者。

随着 QQ 用户规模的发展壮大，其自身的符号特征也成为当时的时尚和如今的回忆。高等级的 QQ 号、精心挑选的 QQ 秀，以及各种 QQ 空间装饰，成为当时年轻人追求的时尚标志。"嘀嘀嘀"消息提示音、各种经典 QQ 表情，以及"在线""隐身"等状态设置，已经融入当时人们的社交之中。QQ 空间的日志、相册、留言板等功能，成为展示个人生活和情感状态的平台。QQ 作为中国互联网早期最为成功的社交工具之一，不仅推动了互联网社交的飞速发展，其独特的文化和符号特征也深深影响了一代人。

除 QQ 外，MSN、飞信等即时通信工具也在这一时期出现，并获得了不小的市场份额。在 2005 年之前，尽管没有在中国进行大量宣传和本地化支持，微软的 MSN 已经占据了中国即时通信市场 10.87%

的市场份额，成为第二大即时通信软件。飞信作为中国移动在即时通信领域推出的产品，由于和短信关联，在高峰期注册用户数达 5 亿，拥有高达 9000 万的活跃用户。尽管由于产品研发和管理方面的原因，MSN、飞信最终失去了市场地位，但当时的市场竞争推动了即时通信技术创新和服务质量的提升，也为互联网社交国际化和移动化的发展积累了宝贵的经验，对我国互联网社交的发展具有重要意义。

好物千里来相会

打开计算机，电话线拨号上网，输入网址，进入 8848 网站。网站上的商品并不多，主要以书籍、音像制品为主。在网站浏览商品介绍信息，找到一本想购买的图书，在详细填写邮政包裹收货地址、联系方式等信息后，通过银行汇款方式完成支付。两周后，收到图书的邮政包裹单，再去邮局提取包裹。

这样烦琐复杂的网上购物流程对于现在的人们来说是难以想象的，但这就是我们今天便捷、高效的电子商务的初始形式。1999 年，尽管 8848、易趣、阿里巴巴等互联网电商公司相继成立，但对于习惯在商场、街头店铺、农贸市场等地一手交钱一手交货的我国网民来讲，线上购物并不像信息查询或线上社交一样，在一开始就具有很大的吸引力。线上购物充满了不确定性，商品质量、支付风险、售后服务等都是线上购物的隐忧。

功夫不负有心人，以当当网和卓越网为代表的我国 B2C 的早期拓荒者，以低价格、标准化的图书作为在线购物的精准切入点，再借助快递配送和货到付款的交易流程，逐步建立了人们对电商的信任。随着物流、支付等环节的逐步完善，人们开始从试探性地购买小额图书、小商品，逐步过渡到涵盖食品、服装、数码产品、家电等日常消费的方方面面。淘宝、京东等大型电商逐步走入人们的日常生活。到 2010 年，已有超过三分之一的网民开始使用线上购物，"好物千里来相会"逐渐成为网民的日常。

独乐不如众乐

随着互联网与多媒体技术的发展，互联网也悄然改变着人们的娱乐方式，许多基于传统媒体的游戏、音乐、视频等娱乐形式也开始转移到线上。通过构建多形态的线上娱乐消费方式，人们开始通过互联网享受并传播各类娱乐内容。

2002 年，盛大网络代理的网络游戏《传奇》上线，让人们从单机游戏时代迈入网游时代，在线游戏以其便捷的可访问性、丰富的社交互动性和较强的更新扩展性，迅速赢得游戏爱好者的青睐。2003 年，联众游戏

成为世界上最大的休闲游戏平台，注册用户数达 2 亿，月活跃用户达 1500 万人。同年，腾讯也看到了在线游戏的发展前景，开始正式进军游戏领域，2004 年腾讯推出 QQ 游戏，借助 QQ 强大的用户群基础，一跃成为国内领先的休闲游戏门户，并通过代理、收购、入股、自研等全方位投入，逐步构建起自己的游戏帝国。在线游戏凭借其强大的盈利能力，吸引了众多游戏公司的投入，形成了游戏开发、发行、运营等成熟的在线游戏产业链。

网络音乐是最易于线上化的娱乐形式，也在互联网的助推下蓬勃发展。在互联网发展早期，网络音乐的发展与两家看似和音乐关系不大的公司息息相关，一家是百度，另一家是中国移动。2002 年，在百度搜索引擎上线一年后，便推出了 MP3 搜索功能，既解决了网民下载歌曲的困难，也为百度自己的搜索业务带来了庞大的用户群，更重要的是，这一举动加速了网络音乐在互联网上的传播。2003 年，中国移动正式推出彩铃业务，提出了单曲下载的数字音乐消费新模式。2004 年，移动彩铃市场规模近 10 亿元，并涌现出大量脍炙人口的移动彩铃"神曲"。此后，我们熟知的酷狗音乐、酷我音乐、QQ 音乐等一系列音乐客户端才陆续发展起来。21 世纪初的 10 年，也是华语乐坛的黄金十年，网络音乐在广大网民中实现了前所未有的大规模传播，成为人们主流的音乐欣赏方式。

2006 年被称为中国网络视频产业的发展元年，优酷网和酷 6 网等 200 多家视频网站纷纷成立，线上视听资源得到广泛传播，网络视频发展进入快速成长期。这一时期，视频网站开始探索各种盈利模式，包括广告收入、付费订阅和版权分销等。网络视频的便捷性和内容的丰富性吸引了大量用户，部分年轻用户已经开始形成在线观看视频的习惯。从 2006 年至 2010 年，我国网络视频用户规模从 0.32 亿户增长至 2.84 亿户，渗透率从 29% 提升至 62%。在经历了初期的快速增长和无序竞争后，行业开始出现整合和洗牌，百度、腾讯等企业进入网络视频产业。

PC 互联网阶段，互联网解决了人们获取信息、社交、购物和娱乐等方面需求，对人们的生活产生了广泛而深远的影响，不仅提高了人们的生活质量，也推动了时代的进步，为移动互联网下一阶段的发展奠定了坚实的基础。

随时随地畅享数字生活

如果将 1994—2010 年称为 PC 互联网阶段，那么主要通过移动终端上网的 2010—2020 年则可以称为移动互联网阶段。在这一阶段，日新月异的数字技术发展成果处处可见、人人可及、时时可感，"上网"的概念逐渐消失，人们开始从割裂的"线下""线上"生活转变为线上线下相结合的 O2O 模式，"永远在线"成为人们生活的新特点。

人与信息的关系再探究

如果把互联网时代人和信息的关系分为两个阶段，那么在 PC 互联网时期则属于"人找信息"阶段，用户可以通过浏览门户网站获取所需的信息，也可以借助搜索引擎定向查找信息；而在移动互联网时期，则转变为"信息找人"阶段，新媒体平台基于用户的偏好和使用行为，通过算法推荐系统定向分发用户感兴趣的信息和

内容，用户只需要阅读被"投喂"的信息即可。

抖音、快手、小红书、哔哩哔哩、微博等互联网新媒体平台，基于平台的海量数据，系统运用精准推荐算法，成功实现了信息与用户的精准匹配，不仅大幅增加了用户的停留时长、活跃度和忠诚度，也增加了其商业推荐的准确率和转化率，从而产生了超越早期网络媒体的商业价值。

然而对于普通用户而言，"信息找人"也是一把"双刃剑"。一方面，用户可以省去大量搜寻信息的时间和精力，"坐享"所需信息。另一方面，用户也会因长时间地接收针对性信息，在无形中丧失接收其他不同信息的可能性和能力，最终给自己罩上一层看不见、摸不着的"信息茧房"。

信息茧房的概念是由美国哈佛大学教授凯斯·R·桑斯坦（Cass R.Sunstein）在其著作《信息乌托邦：众人如何生产知识》中首次提出的，是指人们关注的信息领域会习惯性地被自己的兴趣引导，从而将自己的生活桎梏于像蚕茧一般的"茧房"中的现象。信息茧房的存在具有一定的负面影响，在个体层面，信息茧房容易使人固执己见，人们长期生活在信息茧房之中，容易将自己的偏见当作真理，并排斥其他合理的观点，进而产生盲目自信、心胸狭隘等不良心理；在群体层面，信息茧房容易加剧网络群体极化、降低社会黏性，信息茧房会使拥有相近或相似观点和看法的群体内成员增加交流，同时减少与外部群体的交流，群体内的同质特征和群体间的异质特征会越发显著，群体内成员更倾向于做出极端决策，并对群体外的个人和社会漠不关心，导致其对整个社会黏性降低。

因此，为了降低信息茧房带来的危害，人们需要保持开放的心态，学会倾

听、拓宽视野；有意识地主动接触更加多元化的信息，尝试去了解不同领域、不同来源的信息和知识；提高对信息的分析和处理能力，从多个角度和层面综合理解和评价信息。

"随时在线"
成为习惯

随着移动互联网的发展，2011 年，微信的出现标志着能随时随地联系的移动社交新纪元正式开启，语音、群聊、朋友圈、视频等富媒体信息和群组社交功能，大幅提升了线上社交的信息丰富度和互动体验感，线上社交也呈现出高频化和碎片化的趋势。社交高频化是指人们的社交活动更加频繁和密集，而社交碎片化是指人们的社交活动更加分散和零散。

高频化社交已经成为一种新常态。2013 年，QQ 2013 版本上线，一个细小的改动引起了轩然大波，新版 QQ 取消了用户在线状态。这一改动挑战了用户的使用习惯，却顺应了"只要有电，我就在线"的移动互联网时代新潮流。现在，人们不仅微信在线、QQ 在线，微博、抖音、小红书等各种新媒体平台都实时在线，无论是微信信息，还是在小红书上被@，人们都能立刻收到通知并做出回应。这种即时的互动方式加强了人与人之间的联系，也使社交变得更加便捷和高效。

随着社交高频化，社交也越发碎片化。一是社交时间碎片化。移动互联网情境下，人们的时间被分割成许多短暂且零散的片段，例如排队、通勤、休息等，人们通常利用这些碎片化时间进行回复或点赞。线上社交随时可能被各种事情打断，而人们也并非像互联网早期那样，期待与对方持续专注投入地进行交流。二是信息碎片化。社交媒体和新媒体平台上的信息通常以简短、精练的形式呈现，例如微博的 140 字限制、抖音的短视频等。这些信息内容简短，传播迅速，但往往缺乏深度和连贯性，使人们的社交信息内容呈现出碎片化的特点。三是注意力碎片化。由于社交媒体和新媒体平台上的信息种类繁多、更新频繁，人们的注意力很容易被分散。人们往往在短时间内浏览多个信息源，但很难长时间关注某一话题或事件，从而形成了碎片化的注意力。四是社交关系碎片化。在社交媒体平台上，人们的社交关系变得更加多样化，人们可以通过添加好友、关注账号等方式建立社交关系，但这些关系往往缺乏深入了解和信任，基于此形成的社交关系也相对薄弱。碎片化社交虽然为人们节省了社交时间，带来了社交便利，但同时也对社交质量提出了挑战。

"购物车"里的"新生活"

随着通信和互联网技术的发展，社交电商、直播电商、兴趣电商等新兴电商模式持续涌现，消费驱动的方式由平面静态向立体动态转变，通过碎片化、娱乐化、互动化、即时化等方式提升人们的消费体验。

社交电商是指依托社交关系而进

行买卖交易的电商，拼多多和小红书就是典型代表。无论是最初借助微信好友社交关系的"砍一刀"策略，还是拼小圈的好友购物分享，又或者在规模发展后采取了陌生人之间的拼团方式，拼多多都是借助用户社交关系，实现了刺激消费的目的。从社交关系起步，经过 5 年多的发展，截至 2020 年年底，拼多多年活跃买家数达 7.884 亿。小红书也是一个具有社交电商属性的分享平台，其受众人群相对年轻、时尚，他们不仅仅关注商品的使用价值，还会关注其背后的情感、社交、娱乐等多重体验。因此，小红书为用户提供的是基于精神认同和情感归属的消费生态。社交电商从传统电商以货为中心转变到以人为中心，借助用户之间的信任，建立用户与产品之间的信任，提升了用户消费的参与感和归属感。

直播电商是指通过直播方式进行买卖交易的电商，虽然也涉及社交，但更强调通过视频直播的形式，全方位地展示商品、与观众实时互动，以此吸引和转化用户。直播电商主要依

赖主播的个人魅力、展品展示的视觉冲击力、主播讲解的专业程度，以及购物全过程的沉浸体验来提升用户的购买欲望。经过 2016—2018 年的蓄势，2019 年我国直播电商迎来爆发式增长，直播带货受到全民关注，直播电商整体成交额达 4512.9 亿元。此后，直播逐渐成为主流电商的标配，在线购物体验得到全面升级。

兴趣电商是指通过定向推送适合的商品激发用户消费兴趣的电商。以抖音为代表的兴趣电商在 2020 年年初显现发展势头。平台在用户进行内容娱乐的过程中，依托平台精准的数据分析，发现用户的潜在需求，并通过定向推送适合的商品满足其需求，转化为商业价值。兴趣电商的核心在于对传统的"人、货、场"进行重构。在"人"方面，从满足消费者的刚性需求转变为激发消费者的潜在需求。在"货"方面，从传统电商的货物陈

列模式升级为内容推荐模式，通过内容化的短视频／直播等形式，更加立体和聚焦地展现货品。在"场"方面，则从传统的"人找货"升级为基于智能算法的"货找人"。2023年抖音全域兴趣电商 GMV[1] 增幅超过 80%，显示了兴趣电商模式的强大动力和潜力。

属于内容创造者的时代

　　随着通信网络的发展、智能手机性能的提升，直播、短视频等社交媒体平台快速发展，内容创作和发布门槛大幅降低，更多用户出于自我表达、社交需求、商业利益等原因，参与到内容创作中。2017 年，有近三分之一的直播用户申请过主播功能，2018 年，发布过自制短视频的用户比例达到 28.2%。

1　GMV: Gross Merchandise Volume, 商品交易总额。

　　自媒体是普通大众通过网络等途径向外发布有关其自身的事实和资讯的传播方式，也是人们进行网络娱乐、内容创作的主要方式。微信公众号、视频号、抖音、快手、哔哩哔哩、微博、小红书等都是自媒体的重要平台。自媒体人凭借自己的个人特色和创新思维开展内容创作，尤其以不拘一格的娱乐内容见长。自媒体不仅可以为普通人提供一个展示自己专业知识、发挥创新与创意的舞台，而且还创造了个人价值变现的商机。

线上线下融为一体

　　进入移动互联网阶段，基于位置信息的 O2O 模式迅速发展，互联网成为线下交易的前台。O2O 渗透到越来越多的细分场景之中，例如生活服务、交通出行、娱乐消费、医疗健康等，人们可以更加便捷地获取到所需的线下服务。

　　O2O 生活服务为人们打开了全新的生活方式。以就餐为例，2011 年的团购大战，培养了网民们先团券再消费的外出就餐习惯；同年，饿了么 App 上线，外卖逐渐成为人们继

家庭烹饪、外出用餐之后的第三种就餐方式；2017 年，盒马鲜生推出自有品牌"日日鲜"系列，让消费者在做饭时，足不出户就能享受当日的新鲜肉蛋蔬菜；2018 年兴起的社区团购，解决了大众买菜的"最后一千米"问题。截至 2020 年 12 月，我国线上外卖用户规模达到 4.2 亿，网民渗透率达 42.3%。随着生活服务品类不断细分和场景持续丰富，O2O 生活服务已完全融入人们的生活日常。

O2O 出行服务打造出行及文旅新范式。网约车、顺风车、共享单车、民宿平台等极大提高了资源利用效率，不仅降低了出行成本，也丰富了人们的出行方式和空间选择。网约车和顺风车通过对社会多余运力的二次调度，大幅降低了人们的用车成本；共享单车以价格低廉、随骑随停的优势，解决了人们出行的"最后一千米"问题；民宿平台重新整合了住宿资源，为人们提供了多元化的住宿选择和个性化的出行体验。随着 O2O 出行服务的完善，越来越多用户享受到"出行即服务"的升级体验，截至 2020 年 12 月，我国网约车用户规模达到 3.6 亿，网民渗透率达 36.9%。

移动互联网阶段，顺应数字经济时代全面开启、数字社会建设步伐不断加快的时代潮流，数字技术支撑和赋能的生活服务应用持续深度融入社会生活，为人民群众带来了更多便捷多样的创新服务。人们的生活在信息获取、社交、购物、娱乐等方面均发生了巨大的改变，尤其在线下、线上相结合的 O2O 领域，互联网正在成为各类线下服务的"前台"，成为人与服务的新连接。

智能互联、虚实融合的数字生活初现端倪

2020 年后，移动互联网应用趋于成熟，以通用人工智能、虚拟现实等技术应用为代表的互联网应用，正在凭借强融合的终端互联、智能化的决策服务、沉浸式的应用体验，持续丰富人民群众的数字生活场景，推动数字服务普惠化，加速民生服务落地应用。

"触手可及"的万物互联

随着物联网、5G 等技术的发展和普及，通过网络系统控制的智能家居得到规模化发展，小到智能音箱、开关、灯具等小型家电，大到智能扫地机器人、空气净化器、净水器等家用电器，再到智能安防、智能影音等覆盖全家的智能系统，智能家居正在持续提升人们衣、食、住、娱各类家居场景的生活体验。智能家居不只是智能硬件的堆叠，更是通过智能产品满足用户细微的需求，例如小米支持通话、音乐、视频在手机、音箱和计算机等设备间无缝切换，海尔可以借助智能枕头监测睡眠质量，并联动调节空调的温度、风速，营造良好的睡眠环境。越来越多的用户已经开始享受智能家居带来的便利生活，截至 2023 年 2 月，智能设备控制 App 活跃用户规模达到 3.5 亿，同比增长近 23.4%。

车联网开启智能"第三空间"。美国社会学家雷·奥登伯格（Ray Oldenburg）在其著作《绝好的地方》中提出第三空间的概念，是指除居住空间、工作空间之外的公共社会空间，后来该概念被延伸到汽车领域。随着车联网和智能汽车的发展，人们已经可以在汽车中享受 L2 级智能辅助驾驶（即部分自动驾驶），能够与手机等设备智能互联，以及实现高效舒适、乐趣横生的驾乘体验。目前，车联网已经在网联智能辅助驾驶、车路

协同智慧公交、智慧交通管控等领域得到应用，例如通过车联网技术，公交车可以实现与道路基础设施的实时通信，实现智能调度、优先通行、电子站牌等功能，这不仅提高了公交车的运行效率，也提升了乘客的出行体验。工业和信息化部公布的数据显示，2022 年，具备组合辅助驾驶功能的 L2 级汽车新车渗透率达到 34.5%。

虚拟现实

沉浸吧！VR 的世界

随着 XR、裸眼 3D、AI 等技术的发展，人们的数字生活变得更加沉浸式和互动化。在未来虚实融合的世界中，元宇宙或将成为一种主要形态，数字孪生人、孪生生物、孪生设备、孪生环境等是其中的构成元素，人们通过 XR 设备在虚拟世界和真实世界之间切换，体验不同的场景和情境，产生新的行为和需求。2022 年北京冬奥会赛事直播中，中国移动利用 5G 网络高速率和低时延的特性，结合 XR 技术，打造虚实结合的多赛同看三维直播空间，提供个性化、多视角、全场景的观赛服务，为观众带来全新的观赛体验。从营销到客服，依托于 AI 技术的数字分身、虚拟数

智能家居

字人以其逼真的人物造型、任劳任怨的工作态度和不知疲倦的工作作风，越来越多地服务于广大消费者，为消费者带来了舒适、便捷的消费体验。

大量虚拟现实企业的科技创新，正在助推人们的消费焕新升级，2023年，我国消费级 XR 设备销量达 75.7万台，人们身处虚拟世界的不同场景、与虚拟角色互动成为新型互联网体验。在虚拟世界里，人们不仅可以沉浸其中，足不出户游览名胜古迹，身临其境进行太空探索，还可

以穿越古今与名人交流，与跨越千山万水的朋友一同运动休闲、对酒当歌。虚拟世界与现实世界之间无缝转换的沉浸式体验，使用户开启全新虚拟现实生活。

穿越时空的教育教学

互联网教育，也称在线教育、远程教育、网络教育等，是指通过互联网等数字技术来提供教育资源、进行教学活动和学习支持的一种教育形式，具有灵活性、个性化、互动性、高效性等特点。通过互联网教育，学生无论身在何处都能访问教育资源，极大地扩展了教育的覆盖范围，使高质量教学资源得以高效传播。作为全国首家"互联网＋教育"示范区，宁夏通过教育云、智慧教室和在线课堂的建设，使农村山区的学生也能共享到优质的教育资源。这种"一张网"上共享资源、"一块屏"上互动教学、"一朵云"上收获成长的互联网教育的模式，有效推动了教育资源的均衡分配，实现了普惠教育。

互联网教育不仅能够扩大教育覆盖的范围，而且可以极大地丰富

学生学习的形式与内容。无论是传统大中小学教师，还是新兴互联网知识、技能传播者，都可以通过互联网制作各种内容丰富、语言生动、展示形象的教育课件。我国于2013年开始慕课（MOOC）建设，MOOC是Massive Open Online Course（大规模在线开放课程）的缩写，是一种大众可以免费注册使用的在线教育平台。其中，中国大学MOOC是世界最大的中文慕课平台，通过向大众提供中国800余所高校的MOOC课程，服务于每一个有意愿提升自身的人。十余年来，中国慕课以其优质、共享、便利的特点，为许多人提供了学习机会，成为推动课堂教学改革的重要引擎。

截至2024年5月，我国上线慕课数量超过7.68万门，学习人次达12.77亿，建设和应用规模居世界第一。

智能医疗的未来

近年来，以线上问诊、电子挂号预约，以及网上购药为代表的互联网医疗快速兴起。一方面以丁香医生、京东健康、叮当快药等为代表的综合类互联网医疗服务被广泛应用；另一方面各大医院也纷纷互联网化，通过App、小程序等形式，推出互联网医疗服务，用户可以享受到预约挂号、线上问诊、线上缴费、查看报告、下载发票等众多线上服务。2023 年年底，我国互联网医疗用户规模达到 4.14 亿人，占整体网民的 37.9%。

远程医疗助力医疗服务进一步普惠化。通过应用边缘计算与 5G 专网技术，可实现不同层级医院之间的远程医疗网络覆盖，既充分保障了医院内医疗数据安全性，又突破远程医疗应用服务的网络局限性，有效推动优质医疗资源下沉和县域医疗服务能力提升。近年来，中国移动联合北京协和医院等全国 3000 多家医疗机构，持续探索推进 5G 智慧医疗建设，覆盖智慧医院、卫健、医保、康养等领域。《数字中国发展报告（2022 年）》的数据显示，2022 年，我国远程医疗服务在地市级和县级得以实现全面覆盖，全年累计提供近 2670 万人次的远程医疗服务。

未来，我国在互联网加速建设和升级的新征程中，将始终以人民为中心，持续高质量打造智慧化、便捷化、普惠化、精准化的互联网生活服务，将互联网服务进一步融入人民群众衣食住行各个方面，让广大人民群众更好地享受美好数字生活。

第十二章
绘就数字生活壮美图景

　　"数字"触角日渐延伸至神州大地的每一个角落，绘就了一幅生机盎然、欣欣向荣的发展新画卷，深刻改变了人们的日常生活，形成了独具特色的数字生活图景。

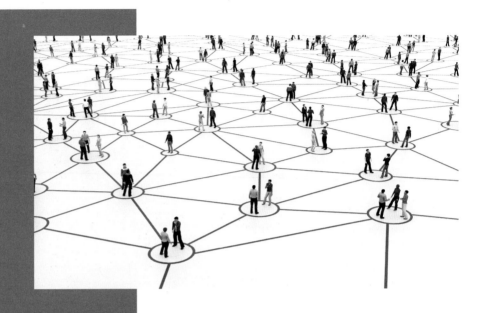

交互与融合 的社交新篇

互联网发展的三十年是线上社交从萌芽、发展到成熟的重要时期，线上社交是人们数字生活的基础。线上社交可以分为关系型社交和内容型社交两种类型。关系型社交是指为了和其他人建立或维系关系而产生互动的社交模式，例如基于即时通信软件的社交；而内容型社交是指以内容为中心形成社交关系和社会交往，例如基于内容平台的社交。二者都包含社交互动，只是前者强调关系的建立和维护，而后者重在内容的分享和交流，线

上社交的发展与融合，给人们的社交模式、社交文化和社交体验带来了全方位的影响。

关系型社交逐步缩小"六度空间"。六度空间理论由哈佛大学社会心理学家斯坦利·米尔格兰姆（Stanley Milgram）在 20 世纪 60 年代提出，是指最多只需要 6 个人便可以与世界上任何人建立联系。随着互联网的普及，生活在地球村上的所有人联系越来越紧密，人与人之间建立联系已经无须"六度"。从 2000 年前后，QQ、MSN、飞信等即时通信软件为人们打开了线上社交的大门，到十年后以熟人关系为主的微信

的出现，再到 2024 年微信月活跃用户数达到 13.7 亿，国民社交实现全面线上化。社交应用成为人们建立和维系社会关系及社会交往的重要载体。

内容型社交从汇聚信息向建立社交关系升级。在内容型社交发展初期，人们主要依托 BBS、博客等平台的内容展开交流，关系较为松散。随着人们的线上交流越来越频繁，内容越来越丰富，人们希望能够围绕内容展开更加紧密的联系和交流。以微博为代表的新型内容型社交应用，依托内容建立线上社交关系，例如通过"超话"等模块引导用户参与社群互动，进而激发内容聚合传播。随着移动互联网技术的发展，内容社交呈现全面泛在化趋势。社交开始泛化到视频、游戏等不同的场景中，例如人们在短视频应用中通过点赞、评论、弹幕与其他用户互动；通过多人在线游戏，将社交和娱乐融为一体。内容型社交已经成为一个重要的社交场景，人们的社交关系持续稳固。

关系型社交和内容型社交走向融合，共同成为提升用户体验、增强用户黏性、拓展商业价值的重要手段。平台不再单一地强调关系建立或内容消费，而是开始整合这两种元素，满足用户更加多元化的社交需求，例如，在微信、微博等平台上，用户既可以维护自己的社交关系网络，也可以通过平台获取和分享有价值的内容。优质的内容能够吸引用户的关注和参与，进而促进用户之间关系的建立；而用户之间的良好关系又能推动内容的传播和互动，形成良性循环，为人们带来更真实连贯的社交体验。

消费是需求，更是价值

线上消费已经成为人们数字生活的重要组成部分，也是人们幸福感和满足感的重要来源。随着线上购物更加多元化和个性化，消费对于人们的意义也从满足生活的基本需求，进一步延伸出获得社会认同、获取情绪价值等多重价值，互联网平台为这些价值提供了实现和展示的空间。

消费是人们获得社会认同的重要途径。社会认同是指个体在参与社会交往的过程中，在社会规范、价值观念、行为准则等方面形成的自我认可和自我接受。随着社交媒体的兴起和互联网技术的发展，消费者的购买决策和消费行为越来越多地受到社交网络中朋友、家人甚至是陌生人的影响。与此同时，人们也不再满足于消费本身，而越发在意通过消费实现社交互动和社会认同。圈层消费就是人们获得圈层认同的一种重要方式。圈层是人们基于共同的兴趣爱好、价值观念、话语模式和社会关系，以兴趣与情感建立的特定社交圈子。从电竞、

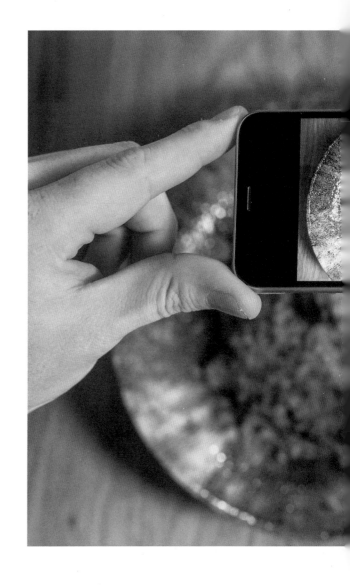

二次元到盲盒、汉服，互联网助推了圈层的形成和壮大，"因圈层而消费"也成为互联网时代重要的消费文化。"种草"消费是另一种为获得社会认同而进行的消费方式。"种草"这一网络用语在年轻消费者中非常流行，是指专门给别人推荐好

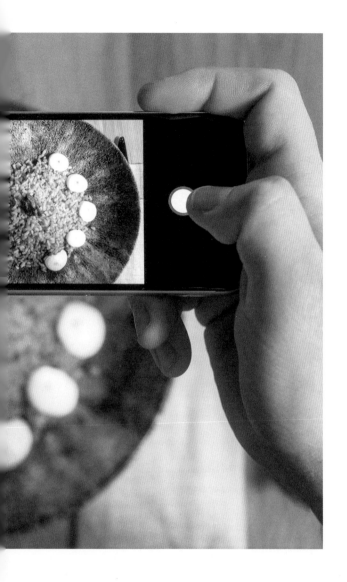

物以促进购买的行为，"万物皆可种"成为消费的热门现象。对年轻的消费者来说，"种草"不仅使他们获得更真实的产品信息，购买"种草"商品也可以获得同辈群体的社会认同。

消费为人们提供重要的情绪价值。情绪价值是一种能引起正面情绪的能力。部分产品或服务在满足消费者基本功能需求之外，还能够引发消费者的情感共鸣，为其带来情感体验和情绪满足。消费者愿意为情绪价值买单，"买得开心"成为新的消费主张。购买情感体验类产品和服务是情绪价值消费的重要方式。中国数据研究中心于2023年的调研数据显示，年轻消费者在旅游、演出、医美体验等情绪体验类产品和服务上开支明显增加，通过消费来进行"疗愈"正在成为他们生活的常态。此外，在普通产品购买过程中的情感体验和心理满足也可以为消费者提供情绪价值。商家营销的沉浸式购物环境，为用户提供的定制化服务体验，以及倾听和满足消费者的独特需求，都会触动消费者的内心，为消费者提供情绪价值，这些也会成为吸引消费者购买或复购的重要因素。

产消合一的数字娱乐

娱乐是激发人们内心创造力的灵感源泉，也是美好数字生活图景中的生花之笔。互联网极大地丰富了人们娱乐方式的选择，降低了数字娱乐内容的制作门槛，提升了人们的参与度和互动性。随着数字娱乐内容的生产和消费更加便捷化、多样化和个性化，生产和消费正在趋于统一，形成产消合一的数字娱乐。

数字娱乐内容从 PGC[1]、UGC[2] 走向 AIGC[3]。互联网发展三十年来，数字娱乐内容的生产方式已经发生了巨大变革，从 PGC 到用户 UGC，再到目前新兴的 AIGC，内容生产变得更加多样化和智能化。在互联网出现之前，无论是图书、音乐、视频还是游戏，均由专业团队制作，具有较高的制作成本和较长的生产周期，用户只能单向欣赏。互联网出现后，互联网为用户制作、发布、分享内容提供了简易的方法、便捷的渠道和极具竞争力的创作回报机制，部分具有内容

制作能力的用户开始创作文章、音乐、视频等内容，内容数量大幅增长。AIGC 出现后，内容制作的门槛再次大幅降低，无论是专业团队还是普通用户，都可以凭借一个创意，直接生成完整或部分内容产品，内容制作效率大幅提升，内容数量呈爆发式增长。

粉丝经济助推数字娱乐内容的创作和创新。粉丝经济泛指架构在粉丝和创作者关系之上的经营性创收行为。数字娱乐平台通过直播、评论、弹幕等方式，让粉丝直接与创作者沟通，既加强了创作者与粉丝的互动，又提高了粉丝的参与感。由于粉丝通常会通过下单、订阅、众筹等模式为创作者提供实质性收入，因此，大量创作者会根据粉丝的兴趣和偏好来制作内容，以此来吸引和维护粉丝群体。同时，粉丝不仅是内容的消费者，也是内容的创造者。粉丝通过内容共创、二次创作等方式参与到内容创作中，进一步丰富了数字娱乐内容的多样性。此外，粉丝通过社交媒体、论坛等渠道聚集在一起，形成了独特的社群文化，这种文化又会成为数字娱乐内容创新的源泉。

---

1 PGC: Professional Generated Content, 专业创作内容。
2 UGC: User Generated Content, 用户生成内容。
3 AIGC: Artificial Intelligence Generated Content, 生成式人工智能。

多元融合打破行动边界

从线下到线上，从实体到虚拟，互联网正是凭借其互联互通、即时高效、动态共享等特征，快速高效地把分散的优质资源聚合起来，通过多元融合，突破时空限制，打破行动边界，塑造了数字生活的崭新面貌。

垂类生活应用呈现线上线下融合趋势。垂类应用初期多采取"线上复制线下"的模式，例如，早期的门户网站将纸媒搬到线上，早期的购物平台则是模拟线下商超开店等。进而，数字生活逐步向"线上联动线下"的互动模式演进，餐饮、购物、娱乐等垂类应用纷纷拥抱 O2O 模式，线上平台与线下实体相互衔接，形成互补共生的关系。如今，随着技术的日新月异和消费者需求的升级，开始向"线上孪生线下"的深度融合模式探索。例如，"云参观""云旅游"等云业态形式，在虚拟现实、增强现实、人工智能和全息投影等数字技术的推动下，将名胜古迹通过数字孪生的方式，带到每位游客面前，人们可以轻松体会"宅家也能游全球""不出国门也能看世界"的畅游体验。

不同垂类之间的多元生活应用趋于融合。不同生活领域的应用开始相互渗透，形成一个更加综合、多元的数字生活生态。在互联网发展的初期，各类应用往往独立发展，专注于满足某一特定需求。然而，随着技术的不断进步和市场竞争的加剧，不同领域的应用开始打破界限，开展跨界合作。电商平台与社交媒体平台的跨界合作，便是这一趋势的生动例证，它们通过无缝衔接购物与社交功能，为用户提供了更加便捷的综合体验。随着融合的深入和平台型企业的壮大，平台型企业开始构建自己的数字生活生态，这些生态不仅涵盖了购物、娱乐、出行、社交等多个领域，更通过"一站式"服务，极大地提升了用户的数字生活体验。以微信为例，如今已发展成为集电商、游戏、生活服务等多功能于一体的综合性平台，深刻体现了多元生活领域应用融合的强大势能。

互联网美好生活的图景是我国互联网建设绘就的壮美答卷，不仅改变了人们的生活，让人们享受到更多数字化发展带来的便利，更深刻地影响着人们的行为逻辑和价值取向。

第十三章
为"一老一小"保驾护航

随着数字技术赋能民生保障事业走深走实，完善"一老一小"重点群体的数字生活逐步成为互联网赋能民生福祉的重要环节。互联网正在成为破解养老难题，增强老年群体的幸福感、获得感，积极应对人口老龄化的重要手段，以及支撑起青少年健康成长、提升素养、开阔视野、激发潜能的"数字晴空"。

适老化 + 技能提升，缩小代际数字鸿沟

当前，我国正处于老龄化程度不断加深和数字化进程不断加快的共振时期，如何在数字时代让老年人能够平等、方便、安全地使用数字产品和服务，利用数字技术解决老年人的生活、健康及养老等问题，打破老年群体"数字鸿沟"，是我国建设普惠、便捷数字社会的重要课题。

国家始终高度关注老龄工作，围绕数字化发展，应对老龄化融合问题不断完善政策布局，持续加强数字时代老年群体的数字权利。2021年，《中共中央 国务院关于加强新时代老龄工作的意见》发布，明确提出着力构建老年友好型社会，建设兼顾老年人需求的智慧社会，将推进数字技术适老化和提升老年人数字素养作为人口老龄化战略的重要组成部分。

国家高度重视老年人数字产品和服务的使用困难问题，实施了多项数字技术适老化改造举措，持续加强数字技术的适老化建设，取得了良好的成效，老年群体逐步走出了"想用不能用、想用不会用"的数字困境。我国政府加强顶层设计，优化和完善制度保障，出台了一系列政策，以制度保障数字化与老龄化统筹发展，为数字技术适老化发展指明了方向。加快推进"智慧助老"行动，从为老年人提供更优质的电信服务、抓好互联网适老化及无障碍改造专项行动实施、扩大适老化智能终端产品供给、切实保障老年人安全使用智能化产品和服务等方面，进一步落实适老化重点工作，降低老年人应用数字技术的难度，为老年人获取基本养老服务提供便利。以中国移动为例，自2022年开始，中国移动面向老年客户推出"银色守护计划"，通过一套专属解决方案、一系列厅台服务、线上服务、适老化终端和公益活动等"五个一"适老服务体系，助力老年人快速融入数字社会。

强化老年人数字技能培养。老年群体数字技能缺失，数字安全意识薄弱，"不会用""不敢用"成为他们难以逾越的鸿沟。我国从政府到企业、社区、家庭多方发力，多维度提升老年群体的数字素养。在政府层面，加大老年人教育供给，构建全国老年教

育公共服务平台，不断丰富老年人数字教育的形式和内容；在企业层面，各大企业纷纷推出针对老年人的"数字课堂"和"智慧讲台"，通过线上和线下的形式培训老年人智能终端使用技能，提升他们的数字素养；在社区层面，通过开展老年数字化培训公益活动，解决老年人在智能技术运用方面遇到的实际困难；在家庭层面，通过子女数字反哺帮助老年群体逐步融入数字生活，也是增进亲子感情、消除代际鸿沟的重要途径。

数字技术推动智慧养老服务体系的构建。数字技术丰富了养老产品和服务的供给，养老产品和服务将进一步向老年生活、康养、医疗等全场景扩展，新的业态、新的服务不断涌现。随着以数字化、智能化为特色的新型基础设施建设的加速推进，智慧养老服务开始融入智慧城市、智慧社区建设，以"互联网＋"打造智慧养老服务平台，实现老年人能够在"身边、床边、周边"享受养老服务，提升居家养老服务的可及性和智能化水平，推动居家社区相协调、医养康养相结合的新型智慧养老服务体系初步构建。

"引导＋发展"，培育未来数字公民

新时代下的未成年人，在数字世界中学习、娱乐、消费，日常生活的方方面面都与网络紧密连接。当前，我国数字经济蓬勃发展，这也加速了未成年人接触网络的进程。2023年12月23日，共青团中央维护青少年权益部等发布的《第5次全国未成年人互联网使用情况调查报告》显示，在网络普及方面，未成年网民数量持续增长，2022年未成年网民规模已突破1.93亿，趋于饱和状态；农村未成年人的互联网普及率由2018年的89.7%提升至2022年的96.5%，城乡未成年人的互联网普及率差异持续缩小。但网络在为青少年群体带来学习、娱乐、交往方面便利的同时，也出现了新的风险。由于该群体仍处于身心发展阶段，兼具较强的探索意识和较弱的自控能力，也更容易受到不良信息影响、引发网络沉迷成瘾等问题。

建设数字社会，培育数字公民，是一个系统工程。当前，各方正在协同发力，在"保护与发展并重"理念的引领下，筑牢未成年人网络使用防护网的同时，也在加快推进未成年人数字素养与技能的提升，强化未成年群体在未来数字社会中的核心竞争力。

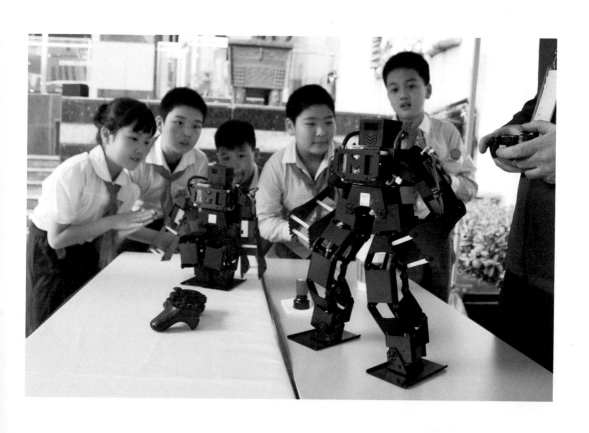

以技术引领并护航未成年人网络使用。当前，未成年群体正在深度融入数字世界，未成年群体数字文娱场景渗透率已超90%，数字社交、数字消费也是其使用的高频场景。同时，未成年人自控能力较弱，存在网络沉迷现象，而家长却时常"束手无策"，超过七成家长表示只能以"管控用网时长"为主。面向未成年人群体网络保护，相关监管政策正在不断落实落细，从原则性规定向实施性条款发展，持续强化监管与引导。在政策指引下，信息通信业企业积极从业务规划到具体服务为未成年人网络权益保护贡献解决方案。以中国移动为例，聚焦儿童上网看管难、屏蔽难、防范难等问题，推出"护苗宽带"以满足学龄儿童家庭用户的网络管控需求，自推出以来，截至2023年6月，能力调用超10.2亿次。

以素养提升助力未成年人未来发展。以AIGC为代表的前沿技术，将对未成年人的培育模式和核心素养产生深远影响。当前，未成年群体的数字素养仍有待提升，《第5次全国未成年人互联网使用情况调查报告》数据显示，30.6%的未成年网民表示不会自己查询、搜索信息，34.9%的未成年网民表示不会自己下载、安装软件，55.9%的未成年网民使用视频类平台获取新闻事件和重大消息，却只有不足半数的人会有意识地去辨别消息来源的权威性。面向未来，引导未成年人建立正确的数字认知、合理使用数字产品、提升数字素养、助力成长发展将成为社会各界应共同关注的重点议题。中国移动通信研究院于2023年发布了《中国公民数字胜任力白皮书》，与社会各方协同持续针对未成年群体数字素养进行监测；同时，还依托与教育部的战略合作，推进"数字校园""智慧校园"建设，借助5G网络、大数据等先进技术手段，不断丰富优质的数字教育培训资源供给，切实提升未成年人数字素养与技能。

未来，随着智能化的数字生活大步前行，"一老一小"重点群体也将产生新的需求和期待。我们将继续坚持对重点群体的赋能与保护，不断提高其数字素养与技能，缩小"数字鸿沟"，筑牢安全底线，让各群体共享数字红利，共创美好生活。

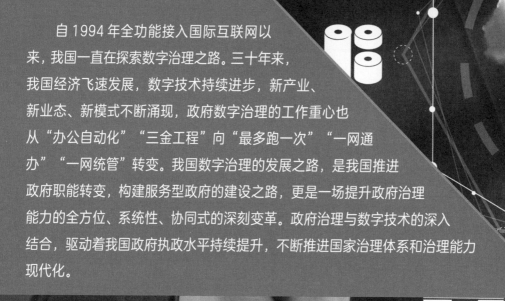

　　自1994年全功能接入国际互联网以来,我国一直在探索数字治理之路。三十年来,我国经济飞速发展,数字技术持续进步,新产业、新业态、新模式不断涌现,政府数字治理的工作重心也从"办公自动化""三金工程"向"最多跑一次""一网通办""一网统管"转变。我国数字治理的发展之路,是我国推进政府职能转变,构建服务型政府的建设之路,更是一场提升政府治理能力的全方位、系统性、协同式的深刻变革。政府治理与数字技术的深入结合,驱动着我国政府执政水平持续提升,不断推进国家治理体系和治理能力现代化。

第十四章
政务信息化建设快速推进

第十五章
"互联网+政务服务"体系建成

第十六章
数字政府建设水平全面提升

第十七章
数字治理建设成果惠及全体人民

治理篇

第十四章
政务信息化建设快速推进

为进一步与世界接轨，我国政府推动政务网络基础设施和业务系统的建设，为数字治理快速发展提供基础保障。有线网络和 IT 技术飞速发展，互联网逐步普及，我国互联网用户规模快速增长。公众的信息获取渠道逐渐向线上迁移，政府治理能力也随之向线上拓展。对内，政府改变内部信息传递模式，内部流程线上化，办公信息化水平显著提升。对外，政府依托门户网站发布信息，并提供少量网上业务办理服务，为下一阶段"互联网 +政务"的发展奠定基础。

设立专职机构领导信息化建设工作

随着改革开放和社会主义现代化建设的进一步推进，我国启动电子政务建设工作。1993年，我国提出信息化建设的任务，启动了"金卡""金桥""金关"等重大信息化工程，拉开了国民经济信息化的序幕。为了统一领导并开展后续政府信息化建设工作，同年12月，我国成立了国家经济信息化联席会议，确立了推进信息化工程实施、以信息化带动产业发展的指导思想。

1994年，我国全功能接入国际互联网，为电子政务发展创造了良好的客观条件，同年成立了国家信息化专家组，作为国家信息化建设的决策参谋机构，其为建设国家信息化体系、推动国家信息化进程提出了诸多重要的建议。

1996年1月，国务院成立了以国务院副总理任组长，由20多个部委领导组成的国务院信息化工作领导小组，统一领导和组织协调全国的信息化工作，中央和地方都确立了信息化在国民经济和社会发展中的重要地位，信息化在各领域、各地区汇集成强劲的发展潮流。我国信息化在此阶段取得长足进展，经济社会信息化水平得到全面提升。

重大信息化工程项目陆续建成

20 世纪 90 年代初以来，国务院有关部门相继主导建设了一批业务系统。1993 年，国家统筹推进"三金工程"，即"金桥""金关""金卡"，标志着我国的信息化建设在基础设施、业务系统、信息网络建设方面开始发力。"金桥"工程建立了一个覆盖全国，并与国务院各部委连接的国家共用经济信息网。"金关"工程建立了海关的内部通关系统和外部口岸电子执法系统，服务我国进出口贸易，推动无纸化外贸信息管理，提升了海关办事效率，为我国加入世界贸易组织做准备。"金卡"工程是以推广银行卡为目的建立的货币电子化工程，推动金融行业内部及跨行业的信息共享。1999 年 1 月，中国邮电电信总局和国家经济贸易委员会经济信息中心等 40 多家部委（办、局）信息主管部门联合策划发起"政府上网工程"，推动我国各级政府各部门在 163/169 网[1] 上建立正式站点并提

供信息共享和便民服务。这一阶段，数字治理聚焦在建设中国的信息准高速国道和电子政务业务系统，不断推行政务办公无纸化，业务办理线上化。"金关"工程和"金税"工程取得显著成效，办公自动化、政务信息化也取得较大成绩。

2002 年 8 月，中共中央办公厅、国务院办公厅联合下发《国家信息化领导小组关于我国电子政务建设指导意见》，首次以全局性指导文件规划了"两网四库十二金"重点信息化工程。其中，"两网"是在此时期推动建设的政务内网和政务外网。政务内网是政府内部工作人员使用的网络系统，连接政府各个部门和机构，为内部办公、信息共享和决策提供支持。政务外网是服务于各级党委、人大、机关、政协、法院和检察院等政务部门，满足其经济调节、市场监管、社会管理和公共服务等方面需要的政务公用网络。2015 年，以国家电子政务传输骨干网为基础的统一电子政务

1　163/169 网为 20 世纪 90 年代末中国电信的互联网拨号接入号码。

网络基本建成，中央部委和省级政务部门主要业务信息化覆盖率超过85%，地市级和县区级政务部门业务信息化覆盖率分别达到70%和50%以上。"四库"是指建设存储和管理全国人口基本信息的人口数据库；建设包含法人单位的基本信息，服务于社会管理和经济调控的法人单位数据库；存储地理信息、地图数据及自然资源相关数据的空间地理和自然资源数据库；收集和提供宏观经济数据，支持经济决策和管理的宏观经济数据库。同时推动行政事务电子化管理，包含核心业务系统、财政监管系统、社会管理和服务系统。其中，核心业务系统包括办公业务资源系统、宏观经济管理系统，其对加强政府监管、提高行政效率和推进公共服务发挥了核心作用；财政监管系统指金税、金关、金财、金融监管（含金卡）、金审等，主要目的是增强政府的财政管理能力；社会管理和服务系统指金盾、社会保障、金农、金水、金质等，旨在保障社会秩序，为国民经济和社会发展奠定坚实的基础。

各级政府网站成为信息公开、网上办事、便民服务的重要渠道。政府网站是信息化背景下政府密切联系人民群众的重要桥梁，也是网络时代政府履行职责的重要平台。进入21世纪，全国政府网站建设范围已经延伸到乡镇政府，部分政府网站开始尝试提供在线服务。电子政务服务模式开始出现，政府专网、业务系统建设开始铺开。2006年1月1日，中华人民共和国中央人民政府门户网站正式开通。同年，中共中央办公厅、国务院办公厅印发《2006—2020年国家信息化发展战略》，进一步谋划了此后15年我国电子政务发展的整体方向、基本路径、基本框架、重点领域。2006年3月，《国家电子政务总体框架》印发，其中要求，到2010年政府门户网站成为政府信息公开的重要渠道，50%以上的行政许可项目能够实现在线处理，通过政府门户网站向公众发布政策法规、发布业务办理要求及流程、发布优惠政策申请公告等行政管理办法信息。电子政务公众认知度和公众满意度进一步提高。我国政务信息化建设进程中的相关政策文件见表14-1。

表 14-1　我国政务信息化建设进程中的相关政策文件

时间	发布部门	政策名称	要点
2002 年 8 月	中共中央办公厅　国务院办公厅	《国家信息化领导小组关于我国电子政务建设指导意见》	明确国家信息化领导小组决定，把电子政务建设作为今后一个时期内我国信息化工作的重点，政府先行，带动国民经济和社会发展信息化。这一决定，对于应对我国加入世界贸易组织后的挑战，加快政府职能改变，提高行政质量和效率，增强政府监管和服务能力具有重大意义
2006 年 3 月	国家信息化领导小组	《国家电子政务总体框架》	明确要求到 2010 年，覆盖全国的统一的电子政务网络基本建成，目录体系与交换体系、信息安全基础设施初步建立，重点应用系统实现互联互通，政务信息资源公开和共享机制初步建立，法律法规体系初步形成，标准化体系基本满足业务发展需求，管理体制进一步完善，政府门户网站成为政府信息公开的重要渠道，50% 以上的行政许可项目能够实现在线处理，电子政务公众认知度和公众满意度进一步提高，有效降低行政成本，提高监管能力和公共服务水平
2006 年 3 月	中共中央办公厅　国务院办公厅	《2006—2020年国家信息化发展战略》	要求到 2020 年，综合信息基础设施基本普及，信息技术自主创新能力显著增强，信息产业结构全面优化，国家信息安全保障水平大幅提高，国民经济和社会信息化取得明显成效，新型工业化发展模式初步确立，国家信息化发展的制度环境和政策体系基本完善，国民信息技术应用能力显著提高
2012 年 5 月	国家发展和改革委员会	《"十二五"国家政务信息化工程建设规划》	要求大力推进国家政务信息化工程建设。到"十二五"后期，要形成统一完整的国家电子政务网络，基本满足政务应用需要；初步建成共享开放的国家基础信息资源体系，支撑面向国计民生的决策管理和公共服务，显著提高政务信息的公开程度；基本建成国家网络与信息安全基础设施，网络与信息安全保障作用明显增强；基本建成覆盖经济社会发展主要领域的重要政务信息系统，治国理政能力和依法行政水平得到进一步提升
2013 年 9 月	工业和信息化部	《信息化发展规划》	要求到 2015 年，电子政务促进政府职能转变和服务型政府建设的作用更加显著。以国家电子政务传输骨干网为基础的统一电子政务网络基本形成，中央部委和省级政务部门主要业务信息化覆盖率超过 85%，地市级和县区级政务部门分别达到 70% 和 50% 以上。电子政务服务不断向基层政府延伸，基于互联网的政民互动逐步普及。电子政务信息共享和业务协同框架基本形成，社会信用、综合治税、市场监管、社会保障等一批重大业务协同应用取得实效，电子政务技术体系和运行机制日趋完善
2014 年 12 月	国务院办公厅	《关于加强政府网站信息内容建设的意见》	要求部署进一步做好政府网站信息内容建设工作，着力解决部分政府网站内容更新不及时、信息发布不准确、意见建议不回应的问题

电子政务促进政府工作方式转变

随着互联网的普及，政府数字治理能力也顺应时代发展向线上拓展，基于互联网的互动逐步普及，电子政务信息共享和业务协同框架基本形成，社会信用、综合治税、市场监管、社会保障等一批重大业务协同应用取得实效，电子政务技术体系和运行机制日臻完善。传统工作方式存在办公效率低下、行政监管能力不足等问题。"金盾""金税""金审""金关""金财"等重点业务系统，凭借信息技术手段，在增强政府行政监管能力、改善公共服务等方面发挥了重要作用。

例如，"金税"工程是覆盖税务部门各税种、各管理环节，实现税务机关互联互通、信息共享的信息管理系统工程的总称，是国家电子政务"十二金"重点工程之一。"金税"工程由一个网络和四个子系统构成基本框架。一个网络指从国家税务总局到省、地市、县四级统一的计算机主干网；四个系统分别为覆盖全国增值税一般纳税人的增值税防伪税控开票

子系统，以及覆盖全国税务系统的防伪税控认证子系统、增值税交叉稽核子系统和发票协查信息管理子系统。四个子系统紧密相连，相互制约，构成了增值税管理监控系统的基本框架。"金税"工程实现了全国税收数据大集中，是规范税收执法、优化纳税服务、管控税收风险、加强信息共享的"主引擎""大平台""信息池"和"安全阀"。

"金盾"工程是利用现代信息通信技术，以增强统一指挥、快速反应、协调作战、打击犯罪的能力，提高公安工作效率和侦查破案水平为目的的全国公安信息化工程，也是国家电子政务"十二金"重点工程之一。"金盾"工程依托公安通信设施和网络平台，建设全国违法犯罪信息中心、全国公安指挥调度系统、全国公共网络安全监控中心，为各项公安工作提供强有力的信息支援。"金盾"工程的建成和投入使用，显著提升了公安机关侦查破案打击犯罪的能力和水平。据不

完全统计，2004 年全国各级人口信息管理系统为公安机关提供人口查询 3008 万人次，为各级政府部门提供人口查询 807 万人次，为群众提供查询 1029 万人次，协助破案 33 万起，挽回经济损失 10.5 亿元。2005 年全国利用信息系统破案的案件已占全部破案总数的 20% 左右。

第十五章
"互联网+政务服务"体系建成

　　2016年3月，政府工作报告首次提出大力推动"互联网+政务服务"。"十二五"时期特别是党的十八大之后，我国成立了中央网络安全和信息化领导小组，完善顶层设计和决策体系，加强统筹协调，做出实施"互联网+"行动、网络强国战略、大数据战略等一系列重大决策，开启了信息化发展新征程，全面助力创新型国家建设。"互联网+政务服务"聚焦构筑国家先发优势，发挥信息化引领创新的先导作用，优化营商环境，全面推进技术创新、产业创新、业态创新、产品创新、市场创新和管理创新。

健全的机制体制
保障重大决策实施

在"互联网+"行动方面，我国政府在推动简政放权、放管结合、优化服务改革向纵深发展的大背景下，继续大力削减行政审批事项，注重解决放权不同步、不协调、不到位问题，对下放权力的审批事项，要让地方能接得住、管得好。大力推行"互联网+政务服务"，实现部门间数据共享，让居民和企业少跑腿、好办事、不添堵。《"十三五"国家信息化规划》将"互联网+政务服务"列为优先行动之一，要求到 2020 年，全国范围内实现"一号一窗一网"目标，服务流程显著优化，服务模式更加多元，服务渠道更为畅通，群众办事满意度显著提升。

2015 年 11 月，《中共中央关于制定国民经济和社会发展第十三个五年规划的建议》首次提到推行国家大数据战略。在此时期，我国已进入创新驱动发展的新阶段，需要充分发挥数据的作用来促进社会和经济的发展。拓展网络经济空间，实施国家大数据战略，推进数据资源开放共享。2016 年 12 月，《"十三五"国家信息化规划》印发，提到在大数据战略方面，加强数据资源规划建设。加快推进政务数据资源、社会数据资源、互联网数据资源建设。全面推进重点领域大数据高效采集、有效整合、安全利用，深化政府数据和社会数据关联分析、融合利用，提高宏观调控、

层级数据资源共享共用。支持善治高效的国家治理体系构建，统筹发展电子政务。建立国家电子政务统筹协调机制，完善电子政务顶层设计和整体规划。统筹共建电子政务公共基础设施，加快推进国家电子政务内网建设和应用，支持党的执政能力现代化工程实施，推进国家电子政务内网综合支撑能力提升工程。完善政务外网，支撑社会管理和公共服务应用。

互联网与政府服务深度融合

2013年5月，国家发展和改革委员会发布《关于加强和完善国家电子政务工程建设管理的意见》，要求从过去注重业务流程电子化，向更加注重支撑部门履行职能、有效解决社会问题转变。2015年，国务院印发《促进大数据发展行动纲要》，明确要求加快政府数据开放共享，加快各地区、各部门、各有关企事业单位及社会组织信用信息系统的互联互通和信息共享。"互联网＋政务服务"相关政策文件见表15-1。

市场监管、社会治理和公共服务的精准性和有效性。建立国家关键数据资源目录体系，统筹布局区域、行业数据中心，建立国家互联网大数据平台，构建统一高效、互联互通、安全可靠的国家数据资源体系。推动数据资源应用。完善政务基础信息资源共建共享应用机制，依托政府数据统一共享交换平台，加快推进跨部门、跨

表 15-1　"互联网 + 政务服务"相关政策文件

时间	发布部门	政策名称	要点
2015 年 8 月	国务院	《促进大数据发展行动纲要》	要求推动大数据发展和应用,加快政府数据开放共享,推动资源整合,提升治理能力
2015 年 10 月	中国共产党第十八届中央委员会第五次全体会议	《中共中央关于制定国民经济和社会发展第十三个五年规划的建议》	实施"互联网 +"行动计划,发展物联网技术和应用,发展分享经济,促进互联网和经济社会融合发展。实施国家大数据战略,推进数据资源开放共享。完善电信普遍服务机制,开展网络提速降费行动,超前布局下一代互联网。推进产业组织、商业模式、供应链、物流链创新,支持基于互联网的各类创新
2016 年 3 月	国务院办公厅	政府工作报告	推动简政放权、放管结合、优化服务改革向纵深发展。推进综合行政执法改革,实施企业信用信息统一归集、依法公示、联合惩戒、社会监督。大力推行"互联网 + 政务服务",实现部门间数据共享,让居民和企业少跑腿、好办事、不添堵。简除烦苛,禁察非法,使人民群众有更平等的机会和更大的创造空间
2016 年 4 月	国家发展和改革委员会、财政部等十部门	《推进"互联网 + 政务服务"开展信息惠民试点实施方案》	要求以覆盖各省(自治区、直辖市)的 80 个信息惠民国家试点城市为试点单位,按照"两年两步走"的思路,统筹设计、稳步推进
2016 年 9 月	国务院	《国务院关于加快推进"互联网 + 政务服务"工作的指导意见》	明确加快推进"互联网 + 政务服务"工作,切实提高政务服务质量与实效
		《政务信息资源共享管理暂行办法》	明确各部门数据共享的范围边界和使用方式,厘清各部门数据管理及共享的义务和权利
2016 年 12 月	国务院办公厅	《"十三五"国家信息化规划》	明确到 2020 年,我国信息化发展水平大幅提升,信息化能力跻身国际前列,具有国际竞争力、安全可控的信息产业生态体系基本建立。信息化全面支撑党和国家事业发展,促进经济社会均衡、包容和可持续发展,为国家治理体系和治理能力现代化提供坚实支撑

时间	发布部门	政策名称	要点
2017 年 1 月	国务院办公厅	《"互联网 + 政务服务"技术体系建设指南》	明确要求 2020 年年底前，建成覆盖全国的整体联动、部门协同、省级统筹、一网办理的"互联网 + 政务服务"技术和服务体系，实现政务服务的标准化、精准化、便捷化、平台化、协同化，政务服务流程显著优化，服务形式更加多元，服务渠道更为畅通，群众办事满意度显著提升
2017 年 5 月	国务院办公厅	《政务信息系统整合共享实施方案》	加快推进政务信息系统整合共享、促进国务院部门和地方政府信息系统互联互通的重点任务和实施路径
2017 年 8 月	国家发展和改革委员会、中央网络安全和信息化委员会办公室等五部门	《加快推进落实〈政务信息系统整合共享实施方案〉工作方案》	按照"先联通，后提高"的原则分解任务，确保按时完成"自查、编目、清理、整合、接入、共享、协同"等工作
2018 年 6 月	国务院	《进一步深化"互联网 + 政务服务"推进政务服务"一网、一门、一次"改革实施方案》	加快构建全国一体化网上政务服务体系，推进跨层级、跨地域、跨系统、跨部门、跨业务的协同管理和服务，让企业和群众到政府办事像"网购"一样方便

　　为解决人民群众反映强烈的办事难、办事慢、办事繁等问题，政府简化优化办事流程，及时回应社会关切，提供渠道多样、简便易用的政务服务。2016 年，《国务院关于加快推进"互联网 + 政务服务"工作的指导意见》中明确指出，"互联网 + 政务服务"要持续改善营商环境，让企业和群众办事更方便、更快捷、更有效率。这一时期，线上线下政府服务需求激发，政府利用大数据、云计算等相关技术，打造一体化网上政务服务平台，全面公开政务服务事项，政务服务标准化、网络化水平显著提升。政府工作人员通过线上的政务服务平台提供事项申办、材料审核、数据上传、事项办结、网上宣讲等服务，简化人民群众办事流程，解决人民群众线下去政府服务大厅时办事繁、办事慢、窗口少、排队长等问题，实现政务服务由"被动服务"向"主动服务"的全面转型。到 2019 年，我国已建成

31 个省级政务服务平台，建设开通了 30 多个国务院部门政务服务平台。其中，20 个地区构建了省、市、县三级网上政务服务体系。在 31 个省级政务服务平台提供的 22152 项省级行政许可事项中，16168 项已经具备网上在线预约预审功能条件，占比 72.98%，平均办理时限压缩 24.96%。

"互联网+政务服务" 提升政府智慧化水平

政府持续深化政务服务，企业和个人通过政府网站、移动应用程序等，快速完成线上业务办理，"网

购"式政务办事模式开始显现。企业和个人可以通过 PC 端的线上政务服务平台完成行政审批、公共服务、信息查询等事项，也可以通过手机 App、微信公众号等方式完成线上预约、线下办理等业务，政务服务流程大幅简化。此外，政府建设了电子证照和电子签名系统，通过依法颁发的电子证照和能表征、识别签名人信息的电子签名，缩短业务办理流程。

这一时期，我国基于"互联网 + 政务"的全新公共服务模式取得长足发展。截至 2019 年年底，贵州省"云上贵州"系统平台汇聚了 214 个政府

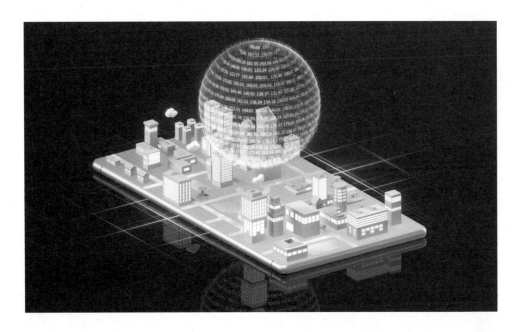

部门和机构部署的 715 个应用系统，实现全省政府数据统筹存储、统筹共享。上海市通过"市民云"实现在线查询个人医保金、公积金、养老金等 72 项应用。"互联网＋政务"模式可提升基层政府工作，更好地服务农村居民，江苏移动与新华分社共同打造的"村务通"信息服务平台，在 2016 年 6 月，盐城阜宁、射阳龙卷风、冰雹灾害发生后，通过"村务通"下发短信救灾、天气预警、灾后安置等相关信息，2 天发布信息近 20 万条、覆盖了阜宁县的 8.6 万家庭。济南市以"大数据"为引领，以"互联网＋政务服务"为核心，大力推进行政许可事项和公共服务事项的网上运行，为企业和人民群众提供全流程、精准化的服务，打造"由我来办，进场服务"的工作模式，全方位提升政务服务工作的质量和水平，逐步将"审批万里长征"缩短为"千里""百里"，直至解决"最后一千米"。杭州市实现行政许可"网上办"事项 876 项，依托"浙里办"App 实现"掌上办"事项 4039 项，建立四大政务数据库，实现了 50% 以上业务系统接入城市大脑中枢，推动"淘宝式"政务服务新模式形成。深圳市政府办公厅率先推出政务服务"秒批"新模式，聚焦"拓""简""优"，推行"一库三化"，通过系统自动审批、无人工干预的机制，确保每笔业务实现"同标准审核、无差别秒批"。截至 2018 年 12 月，深圳市已有 43 项"秒批"事项，极大地提高了政府的办事效率。

第十六章

数字政府建设水平全面提升

数字政府是以新一代信息技术为支撑，通过构建数据驱动的政务运行新机制与创新行政方式，以实现政府决策科学化、社会治理精准化、公共服务高效化和内部运行协同化的一种新型治理模式，是创新政府治理理念和方式的重要举措。数字政府建设是推进国家治理体系和治理能力现代化的重要基础，是数字中国建设的重要组成部分。

党的十八大以来，党中央、国务院从推进国家治理体系和治理能力现代化全局出发，准确把握全球数字化、网络化、智能化发展趋势和特点，围绕实施网络强国战略、大数据战略等做出了一系列重大部署。

党中央、国务院高度重视数字政府建设。党的十九届四中全会提出，推进数字政府建设，决定建立健全运用互联网、大数据、人工智能等技术手段进行行政管理的制度规则。数字政府建设工作是坚持和完善中国特色社会主义行政体制，构建职责明确、依法行政的政府治理体系的重要组成部分。党的十九届五中全会再次强调加强数字政府建设。2021年3月，《中华人民共和国国民经济和社会发展第十四个五年规划和2035年远景目标纲要》将数字政府作为数字化发展的重要组成部分，明确了数字政府建设任务，要求将数字技术广泛应用于政府管理服务，推动政府治理流程再造和模式优化，不断提高决策科学性和服务效率。2022年6月，《国务院关于加强数字政府建设的指导意见》印发，系统谋划了数字政府建设的时间表、路线图、任务书。对政府数字化改革面临的主要矛盾、关键问题和战略要点做出统一部署，着力固根基、扬优势、补短板、强弱项。该文件的出台为加快数字政府建设、全面提升政府履职能力注入强劲动力。数字政府建设相关政策文件见表16-1。

表 16-1　数字政府建设相关政策文件

时间	发布会议和部门	政策名称	要点
2019 年 10 月	中国共产党第十九届中央委员会第四次全体会议	《中共中央关于坚持和完善中国特色社会主义制度 推进国家治理体系和治理能力现代化的若干重大问题的决定》	首次提出数字政府概念，要求完善公共服务体系，推进基本公共服务均等化、可及性。建立健全运用互联网、大数据、人工智能等技术手段进行行政管理的制度规则。推进数字政府建设，加强数据有序共享，依法保护个人信息
2019 年 12 月	国务院办公厅	《国务院办公厅关于建立政务服务"好差评"制度提高政务服务水平的意见》	要求在 2020 年年底前，全面建成政务服务"好差评"制度体系，建成全国一体化在线政务服务平台"好差评"管理体系，推动政务线上线下全面融合，实现服务事项、评价对象、服务渠道全覆盖
2021 年 3 月	第十三届全国人民代表大会第四次会议	《中华人民共和国国民经济和社会发展第十四个五年规划和 2035 年远景目标纲要》	将数字政府作为数字化发展的重要组成部分，明确了数字政府建设任务，要求将数字技术广泛应用于政府管理服务，推动政府治理流程再造和模式优化，不断提高决策科学性和服务效率
2021 年 4 月	国务院	《中共中央 国务院关于加强基层治理体系和治理能力现代化建设的意见》	强调加强基层智慧治理能力建设，统筹推进智慧城市、智慧社区基础设施、系统平台和应用终端建设，强化系统集成、数据融合和网络安全保障
2021 年 12 月	国务院	《"十四五"数字经济发展规划》	要求加快政务数据开放共享和开发利用，深化推进"一网通办""跨省通办""一网统管"，畅通参与政策制定的渠道，推动国家行政体系更加完善、政府作用更好发挥、行政效率和公信力显著提升，推动有效市场和有为政府更好结合，打造服务型政府
2021 年 12 月	中央网络安全和信息化委员会办公室	《"十四五"国家信息化规划》	指出数字政府建设成效显著。一体化政务服务和监管效能大幅提升，"一网通办""最多跑一次""一网统管""一网协同"等服务管理新模式广泛普及，数字营商环境持续优化，在线政务服务水平跃居全球领先行列

时间	发布会议和部门	政策名称	要点
2022 年 6 月	国务院	《国务院关于加强数字政府建设的指导意见》	提出数字政府标准化相关工作任务，明确了标准支撑数字政府建设的重要作用，将数字政府标准化提升到新高度。其中指出，到 2025 年，与政府治理能力现代化相适应的数字政府顶层设计更加完善、统筹协调机制更加健全，政府数字化履职能力、安全保障、制度规则、数据资源、平台支撑等数字政府体系框架基本形成，政府履职数字化、智能化水平显著提升，政府决策科学化、社会治理精准化、公共服务高效化取得重要进展，数字政府建设在服务党和国家重大战略、促进经济社会高质量发展、建设人民满意的服务型政府等方面发挥重要作用。到 2035 年，与国家治理体系和治理能力现代化相适应的数字政府体系框架更加成熟完备，整体协同、敏捷高效、智能精准、开放透明、公平普惠的数字政府基本建成，为基本实现社会主义现代化提供有力支撑
2022 年 9 月	国务院办公厅	《全国一体化政务大数据体系建设指南》	要求加强数据汇聚融合、共享开放和开发利用，促进数据依法有序流动，充分发挥政务数据在提升政府履职能力、支撑数字政府建设，以及推进国家治理体系和治理能力现代化中的重要作用
2023 年 2 月	国务院	《数字中国建设整体布局规划》	数字治理体系更加完善，要求到 2025 年，政务数字化智能化水平明显提升，数字治理体系更加完善，数字领域国际合作打开新局面

　　加强数字政府建设是适应新一轮科技革命和产业变革趋势、引领驱动数字经济发展和数字社会建设、营造良好数字生态、加快数字化发展的必然要求，是建设网络强国、数字中国的基础性和先导性工程，是创新政府治理理念和方式、形成数字治理新格局、推进国家治理体系和治理能力现代化的重要举措，对加快转变政府职能，建设法治政府、廉洁政府和服务型政府意义重大。

数字技术在政府管理服务中广泛深入应用

传感器、物联网、5G、高速有线网络融合发展，进一步促进实体世界通过数据的生成和传输，向数字世界迁移，为政府治理提供了充足的决策依据。截至 2022 年 8 月，我国 3 家基础电信运营企业发展蜂窝物联网终端用户数达到 16.98 亿，超过了移动电话用户总数 16.78 亿，我国成为全球主要经济体中首个实现"物超人"的国家。其中，与政务治理高度相关的公共服务类物联网终端数达到 4.96

亿。在政务网方面，电子政务外网迁移整合加速推进。国家电子政务外网已实现县级以上行政区域100%覆盖，乡镇覆盖率达到96.1%。

以德阳市综合治理系统为例，德阳市通过对辖区内7个区（县）、86个镇、1206个村社、2137个单元网格、10306个网格人员的事件上报和数据采集，建立起一个服务于政务治理的数字孪生城市，集成德阳市域社会治理相关的网格、人员、事件、房屋、机构、党建、视频等元素，面向市域社会治理各层领导及管理者提供所辖范围的宏观全景视图，打造"一张图"下的德阳市域社会治理要素全景图，形成上下贯通的德阳市域社会治理格局，不断提高管理和服务效率。

云计算、数据库等数据处理技术融合发展，为政务数据汇聚、存储、处理提供基本算力、存力资源，进一步促进政务数据深度汇聚，提升数据为政府服务和管理带来的协同价值。目前，我国31个省（自治区、直辖市）和新疆生产建设兵团基本建成政务云系统，多数地级市也建立了本地政务云平台。根据IDC发布的《中国政务云市场份额，2022：云运营与服务》系列研究，2022年，中国政务云整体市场规模为500.52亿元。其中，政务专属云基础设施市场达348.79亿元，同比增长13.1%；政务公有云基础设施市场为92.5亿元，同比增长38.7%；政务云运营与服务市场为59.2亿元，同比增长13.7%。政务云市场的繁荣发展，有效支撑了数字政府上层应用的建设和开发。同时，伴随政务云平台的搭建和完善，各地经济、环境、政务数据也逐渐汇聚，企业库、人才库、产业政策库、招商项目库、空间信息库、信用信息库等各类数据库完成建设，政府治理工作逐渐完成数字化。

甘肃省作为算力资源大省，已建立三级一体化的数字政府体系，电子政务外网、电子政务内网建设不断完善，电子政务云建设发展迅速，已实现省、市、县、乡四级覆盖，接入企业1.5万家。政务数据共享应用不断深入，打造了一批技术标准高、应用功能强的数字政府项目，为欠发达地区推进数字政府的建设提供了参考。鸡西市鸡冠区也在黑龙江省的统一部署下，建立了鸡冠区"一平台、八要素、五级网格、N 库、N 应用"的基层治理服务体系，提升了社区基层网格化治理能力、行政执行能力、为人民服务能力、平安建设能力，逐步形成社区治理新格局。其中建设的"N 库"包含鸡冠区的人口库、建筑库、事件库、部件库、组织商户库、志愿服务库、空间地理库等资源要素库，有效促进了政府各部门政务数据的打通，建成"纵向到底、横向到边、上面千条线、下面一张网"的网格化治理格局。

以图像识别、文本识别、语义识别、位置识别为代表的多种人工智能技术融合发展，助力政务数据充分释放价值，各类"人工智能 + 政务"应用涌现，

甘肃数字政府从"最多跑一次"变为"一次都不跑"

助力政府实现治理技术升维，帮助政府治理工作提质增效。首先，融合发展的人工智能技术，拓宽了政府信息收集的来源。人工智能多模态的技术特性可以把图像、文本、语音、视频等非结构化数据，转化成机器可以轻易理解的结构化数据，进一步提升政府实时、全面的数据收集和分析能力，有效帮助政府更准确地感知经济、社会和环境的发展动态。其次，人工智能技术与政务紧密融合，助力政府政务由"人治"向"数治"方向转变。政府正在积极利用人工智能技术构建多种政务模型，深度利用政务数据资源，及时制定和调整政策，推动政策落地见效。最后，利用人工智能技术可以进一步打通人民群众、企业、政

府之间的沟通渠道。政府建立智能客服系统、智能问答系统和智能推荐系统，可深度触达人民群众和企业需求，更好地提供个性化公共服务，提升人民群众和企业的满意度和获得感。

内蒙古乌海市政府打造了乌海市"城市大脑"，实现乌海市城市事件的自动发现、智能感知。乌海市"城市大脑"共集成14种人工智能识别算法，包括机动车违停检测、非机动车违停检测、消防通道占用检测、消防通道占用检测、个人事件行为识别（吸烟检测）、烟火检测、占道经营事件检测、违规广告牌检测、暴露垃圾、乱堆物堆料、出店经营、交通拥堵识别等。植入"城市大脑"的人工智能平台，极大扩展了政府治理的信息来源，结合数字孪生的三维可视化地图，快速指派网格员现场处理，实现对城市事件更快、更准、更高效的处理。

浙江省建立的智慧消防体系，依托人工智能技术，围绕风险防控和救援指挥，建立人工智能模型。依托智慧监管系统，及时感知消防异常事件；依托智能预警系统，快速分析可能造成的事件后果，及时通过短信、电话、

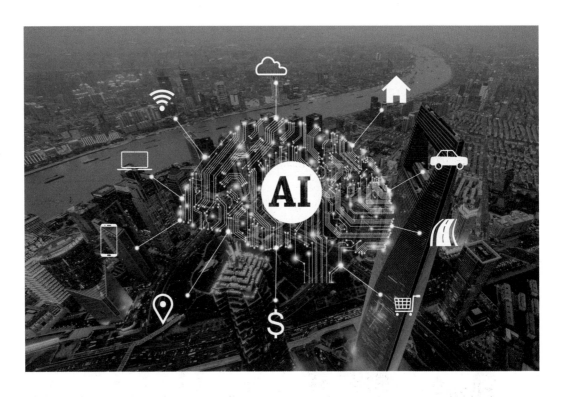

电视弹窗等多个渠道，对周边企业和人民群众进行预警；依托智能处理系统，及时根据火情协同调派周围消防救援力量，并联动周边医院提前做好应急准备工作。

安徽省正在筹备建设数字政府大模型，针对一些专业性较强的领域，利用通用大模型打造专业知识助手，为用户提供精准问答，具体场景应用包括为公务人员提供财政制度规范问答指引、企业环保助手等。在辅助办理方面，通用大模型主要提供无差别综合窗口助手和关联事项智能办理这两个应用。以无差别综合窗口助手为例，其计划通过大模型构建政务知识库，精准识别企业、群众办事意图，为窗口工作人员提供全流程辅助，打造"一人通全岗"的无差别大综窗。此外，安徽省也在加速建设城市治理、机关运行、辅助决策、专业工具等方面的一些大模型场景应用。

浙江省宁波市建设的城市大脑指挥中心，汇聚了来自本市范围内的基础数据资源，基本覆盖了市级主要部门和各区（县、市）的公共部门系统。宁波城市大脑有能力将数据向地方县（市）回流，并赋能政务服务、党政建设等应用建设，实现了从集约到分流的高效数据基础建设。

宁波城市大脑

数字政务协同服务效能大幅提升

经过各方共同努力，各级政府业务信息系统建设和应用成效显著，数据共享和开发利用取得积极进展，一体化政务服务和监管效能大幅提升，"一网通办""一网统管""一网协同"等创新实践不断涌现，数字治理成效不断显现，为迈入数字政府建设新阶段打下了坚实的基础。

各地政府通过"一网通办"，构建统一的线上政务服务平台，实现政府各部门之间信息和服务的互联互通，为企业和公民提供"一站式、全流程"的在线政务服务。人民群众和企业可以在一个线上政务服务平台办理所有相关的政府业务，无须再到各个部门分别办理，提高了政府服务效率。

浙江省数字政府的重点发展目标是"最多跑一次"。其着力推动政务服务标准大规范、服务功能大集成、服务流程大提升、办事材料大精简等重点任务。浙江省以数字政府类项目为基点，不断实现数据互联互通，优化网上审批办事流程，打造"掌上办事之省"支撑。经过几年的发展，目前浙江省"最多跑一次"的实现率和满意率均达到 90% 以上。如今浙江省政务跑一次是底线、一次不用跑是常态、跑多次是例外。流动的数据、流畅的体验，让人民群众少跑腿、数据多跑路，给越来越多的人民群众带来实实在在的获得感、幸福感、安全感。

各地政府通过"一网统管"，构建统一的政府治理网络平台，依托基础支撑网和数据资源网，实现对政府各项管理活动的全面监控、分析和调度。各地政府聚合各类数据要素，在大数据及人工智能等技术的赋能下，逐步形成从预防问题、发现问题再到解决问题的数字治理流程。

中国移动为甘肃省数字政府项目打造一体化建设的模式，搭建了全省政务一张网、一朵云、一个大数据基座、一个公共应用支撑平台、一个运营指挥中心、一个政务服务能力平台、N 项应用、统一线上入口服务的技术架构，甘肃数字政府项目对于全省一体化政务能力的提升十分显著。全省政务服务事项全程网办率达到 98% 以上，提升了近 60 个百分点。"甘快办"手机端可办理事项由 6.7 万项增加到 22.3 万项，增长了 2.3 倍。省直部门的所有宜办事项实现了网上全程可办，一件事主题集成服务由 182 个增加到 534 个。省公共资源交易平台每年为企业节约标书制作印刷费、交通费、食宿费等费用近 2.5 亿元，减少重复办理数字证书和电子印章费用近 8000 万元。省住建厅监管系统每年为企业节约勘察设计和质量监管费用 1 亿元以上。

各地政府通过"一网协同"，构建政府、人民群众、企业之间协作平台，形成各主体间高效的沟通和协作机制；打破各类"信息孤岛"，实现政府内部业务系统贯通协同，提高政府整体行政效率，筑牢系统完备的数据底座，促进政府工作的整体协同和效能提升。

过去，中山政务有 33 张专网，中国移动通过打造智慧中山一张网，横向拉通 33 个部委专网，纵向覆盖市、镇、村三级共计 1403 个政府单位，丰富的政务服务应用，包括粤省事、政企通、粤商通，中山市简易事项"马上办"等，全流程"网上办"的比例超过 86%，高频服务事项"就近办"超高 90%，企业开办最快 1 天即可完成。此外，中国移动建设的黑龙江数字政府项目，通过多云纳管形成了全省"一朵云"，链路畅通构建了全省"一张网"，打通了多层级、多部门、多平台数据壁垒，建设了上联国家、下达村屯，纵向贯通、横向协同的全省一体化政务服务平台，全省数据汇聚快速突破 1000 亿，全省政务服务事项一网通办，网上可办率达 100%。"龙江码"实现了一码通办、一码通享、一码通行。企业诚信扫码可见，全省赋码市场主体 169.6 万家。融资信用服务平台，现已注册市场主体 77 万多家，入驻金融机构 58 家，融资放款金额 1.2 亿元。

全国一体化政务大数据体系建设基本完成

为推进建立健全权威高效的政务数据共享协调机制，增强数字政府效能，营造良好的数字生态，进一步发挥数据在促进经济社会发展、服务企业和人民群众等方面的重要作用，推进政务数据开放共享、有效利用，构建完善的数据全生命周期质量管理体系，加强数据资源整合和安全保护，促进数据高效流通使用，我国着力推动建立了全国一体化政务大数据体系。

全国一体化政务大数据构想

目前，全国一体化政务大数据体系建设基本完成，政务数据管理职能基本明确。2016 年以来，国务院印发《政务信息资源共享管理暂行办法》《国务院办公厅关于建立健全政务数据共享协调机制加快推进数据有序共享的意见》等一系列政策文件，统筹推进政务数据共享和应用工作。目前，全国 31 个省（自治区、直辖市）均已结合政务数据管理和发展要求明确政务数据主管部门，负责制定大数据发展规划和政策措施，组织实施政务数据采集、归集、治理、共享、开放和安全保护等工作，统筹推进数据资源开发利用。全国一体化政务大数据体系总体架构如图 16-1 所示。

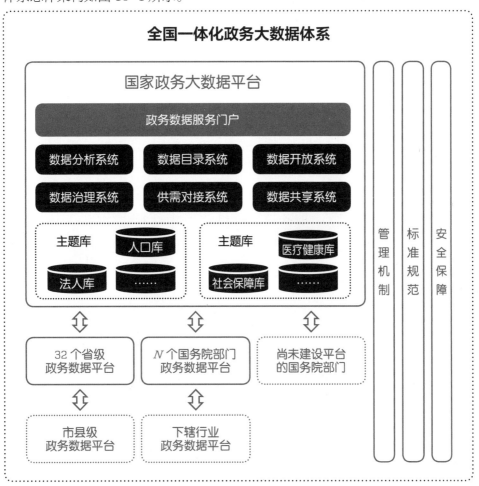

图 16-1　全国一体化政务大数据体系总体架构

资料来源：《国务院办公厅关于印发全国一体化政务大数据体系建设指南的通知》

全国一体化政务大数据体系包括三类平台和三大支撑。三类平台为"1+32+N"框架结构。"1"是指国家政务大数据平台，是我国政务数据管理的总枢纽、政务数据流转的总通道、政务数据服务的总门户；"32"是指31个省（自治区、直辖市）和新疆生产建设兵团统筹建设的省级政务数据平台，负责本地区政务数据的目录编制、供需对接、汇聚整合、共享开放，与国家政务大数据平台实现级联对接；"N"是指国务院部门政务数据平台，负责本部门本行业数据汇聚整合与供需对接，与国家政务大数据平台实现互联互通，尚未建设政务数据平台的国务院部门，可由国家政务大数据平台提供服务支撑。三大支撑包括管理机制、标准规范和安全保障。

政务数据资源体系基本形成。各地区各部门依托全国一体化政务大数据平台汇聚编制政务数据目录超过300万条，信息项超过2000万个。人口库、法人库、自然资源库、经济库等基础库初步建成，在优化政务服务、改善营商环境方面发挥重要支撑作用。国务院各有关部门积极推进医疗健康库、社会保障库、生态环保库、信用体系库、安全生产库等领域主题库建设，为经济运行、政务服务、市场监管、社会治理等政府职责履行提供有力支撑。各地积极探索政务数据管理模式，建设政务数据平台，统一归集、统一治理辖区内的政务数据，以数据共享支撑政府高效履职和数字化转型。截至2023年5月，我国已建设了26个省级政务数据平台、257个市级政务数据平台、355个县级政务数据平台。

政务数据基础设施基本建成。国家电子政务外网基础能力不断提升，已实现县级以上行政区域100%覆盖，乡镇覆盖率达到96.1%。政务云基础支撑能力不断夯实，全国31个省（自治区、直辖市）和新疆生产建设兵团云基础设施基本建成，超过70%的地级市建成政务云平台，政务信息系统逐步迁移上云，政务数据基础设施初步形成集约化建设格局。我国建成全国一体化政务数据共享枢纽，依托全国一体化政务大数据平台和国家数据共享交换平台，构建起覆盖国务院部门、31个省（自治区、直辖市）和新疆生产建设兵团的数据共享交换体系，初步实现政务数据目录统一管理、数据资源统一发布、共享需求统一受理、数据供需统一对接、数据异议统一处理、数据应用和服务统一推广。全国一体化政务数据共享枢纽已接入各级政务部门 5951 个，发布 53 个国务院部门的各类数据资源 1.35 万个，累计支撑全国共享调用超过 4000 亿次。我国加快构建国家公共数据开放体系，21 个省（自治区、直辖市）建成省级数据开放平台，提供统一规范的数据开放服务。

数字政府建设全面引领驱动数字化发展

各地政府应不断加深数字政府理念，不断以"精治、善政、兴业、惠民"为出发点，实现新形势下的数字治理的深化发展。

精治是指政府利用政务数据资源，在经济运行监测、应急管理、综合监管、城市运行管理等方面，多维度、精细化地开展政务治理工作。在经济运行监测方面，数字政府利用大数据资源和技术，加强对经济运行的监测和预警，提升政府对经济形势的数字化研判能力。在综合监管方面，政府聚合各类基层、环境监管数据，通过大数据和人工智能分析，构建监管服务平台，提供风险预警和决策支撑，提升基层智慧治理能力。在应急管理方面，政府根据大数据分析，在灾前分析灾害风险级别，提前预警灾情、警情、病情，在灾后应用多种数字手段提升灾后应急响应速度，降低灾害造成的损失。在城市运行管理方面，政府建立城市运行管理服务平台，提升城市服务水平。数字政府促进数字治理深化发展如图 16-2 所示。

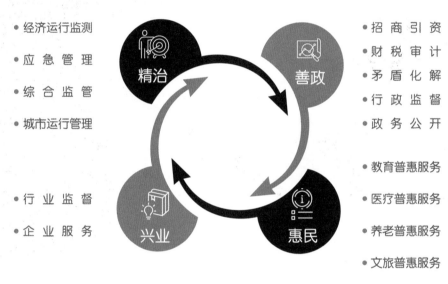

图 16-2　数字政府促进数字治理深化发展

善政是指政府强化"一站式"全方位服务，在招商引资、财税审计、矛盾化解、行政监督、政务公开等领域，为企业和个人提供政务服务。在招商引资方面，政府通过企业大数据平台监测企业运营风险，提供政府招商阳光服务，持续优化营商环境。在财税审计方面，政府建立财税审计平台，持续优化各类会计、审计流程，引入大数据、人工智能分析模型，精准识别财务风险。在矛盾化解方面，政府建立信访平台、纠纷调解中心，线上线下联动，接受、审核和调解各类纠纷，帮助当事人解决争议，达成和解。在行政监督方面，政府依托网上监督平台，强化部门间"互联网＋监管"系统互联互通，建立分级分类监管政策，健全跨部门综合监管制度、监管标准和规则体系。政府通过智慧监管等手段，增强监测预警能力，提升事中事后监管水平，实现精准化、规范化监管。在政务公开方面，政府依托各级政府网站，综合运用文字解读、图说解读等多种方法，对重大政策文件开展多维度、全视角解读，确保人民群众及时、准确地了解政策信息。

兴业是指政企合作理念不断转变，政府通过数据资源和数字手段在行业监督、企业服务等领域持续优化营商环境。在行业监督方面，政府构建新型监管机制，以数字手段提升监管精准化水平，以一体化在线监管平台提升监管协同化水平，以新型监管技术提升监管智能化水平，实现事前事中事后全链条全领域监管，有效维护公平竞争的市场秩序。在企业服务方面，政府充分发挥政务服务平台支撑作用，提升政务数据共享实效，持续加强新技术全流程应用，通过增强帮办代办能力、丰富公共服务供给、拓展增值服务内容，全面推动企业政务服务扩展增效。

惠民是指提供教育、医疗、养老、文旅等普惠服务，让人民群众更多地享受数字技术带来的社会福利。在教育普惠服务方面，政府推动教育数据资源共建共享，实现各级各类教育数据的全面汇聚和共享，与政务数据共享交换平台互联互通，实现跨层级、跨地域、跨部门、跨业务的信息共享，全面支撑教育工作高效有序开展。在医疗普惠服务方面，政府综合利用人工智能、大数据、云计算、移动通信等技术，不断推动智慧医疗、远程会诊、互联网医院等发展，提升医疗服务效率和医疗资源利用率。在养老普惠服务方面，政府开发养老服务监管平台，将各类养老服务纳入平台进行线上办理，监测孤寡老人家中用水、用电、用气、消防情况，及时发现并预警孤寡老人可能遇到的安全风险。在文旅普惠服务方面，政府综合利用多种数字技术，建立在线咨询、电子商务、投诉反馈、泊车租车等多种类型文旅服务线上平台，推进以数字化、网络化、智能化为特征的智慧旅游发展。同时，云展览、网络直播、云演播等新业态不断涌现，推进文旅行业线上线下融合。

第十七章

数字治理建设成果惠及全体人民

管理效能显著提升，政府数字化履职能力实现飞跃

回顾数字治理三十年的发展历程，我国政府致力于全面推进政务运行和政府履职数字化转型，统筹推进各行业、各领域政务应用系统的集约建设、互联互通与协同联动，不断创新行政管理和服务方式。我国政府利用数字技术强化了行政管理水平，极大地推进了政府治理的流程优化与模式创新，大幅提升了政府决策科学化水平和监管效能，政府履职效能全面提升。

在管理流程优化方面，我国政府通过数字技术简化了行政流程，消除冗余审批环节，实现了政务处理的自动化和高效化。政府利用云计算技术建立了政府云服务平台，实现各部门之间的数据共享和协同工作，提高政府的工作效率和协同能力。政府通过建立在线审批系统，实现了项目审批、许可证发放等行政事项的在线申请和审批，减少了纸质文档的使用和物理传递，加快了审批速度。此外，政府利用电子文档管理系统，实现了文档的电子化存储、检索和管理，提高了文档管理的效率和安全

性，减少了纸质文档的存储空间，并降低了人力成本。

在行政决策科学化方面，大数据为决策提供了科学依据。一方面，政府依托大量经济、社会、环境等数据，制定更加科学、合理的政策。例如，政府利用大数据分析技术，预测社会经济发展趋势，评估政策效果，从而提高政策制定的前瞻性和准确性。另一方面，政府利用智能决策支持系统，通过数据分析和模型预测，为决策制定提供了科学依据。例如，在城市规划上，政府利用智能决策支持系统分析城市交通流量数据，优化交通规划，提高交通效率。

在监管效能提升方面，数字技术增强了我国政府的监管能力，通过实时数据监控和智能分析，政府实现了资源的有效调配，提升了监督和管理效率。例如，政府利用物联网和人工智能技术建立了智能监控系统，实时监控和分析数据，提高了政府的监管效率和响应速度，实现了更加精准和高效的监管；在自然灾害、公共卫生等事件突发时，政府可以利用大数据分析技术来评估灾情和指导救援行动，并通过分析卫星图像和社交媒体数据，优化救援资源的分配，以提高

应急管理的效率和效果。

政务服务持续优化，人民群众获得感与幸福感不断增强

过去三十年，政务服务领域发生了深刻变革，我国政府通过全国一体化政务服务体系的建设，打造了政务服务的线上线下总枢纽；在政务服务领域应用大数据、区块链、人工智能等数字技术，推动了政务服务由人力服务型向人机交互型转变，由经验判断型向数据分析型转变。我国政府通过对政务服务流程进行智能化改造，拓展了数字技术在政务服务具体场景中的应用，实现了政务服务的精准化和个性化，使人民群众的获得感与幸福感不断增强。

人民群众到政府办事的效率大幅提升。数字政府建设日益完善，使人民群众需要到现场办理业务的部门数量大幅减少，甚至有些政务服务事项（例如，户籍登记、税务申报、护照申请等），人民群众在线办理即可，不再需要亲自前往政府部门，人民群众办事体验和满意度大幅提升。2023

数字政府评估大会暨第二十二届政府网站绩效评估发布会发布的结果显示，我国有 49 个省级政府服务平台和重点城市政府服务平台的政务服务水平达到良好级及以上，这些城市的政务服务平台实现了办事系统的统一申报、统一查询、统一咨询，使人民群众办事时间大幅缩短。省级行政许可事项的网上受理和"最多跑一次"的比例达到 82.13%，全国一半以上的行政许可事项平均承诺时限压缩超过 40%。例如，山西省建设不动产"一窗受理"平台办理存量房交易业务，实现了不动产交易登记、缴税、发证"一窗办、掌上办"，排队次数由 3 次减少至 1 次，提交资料由 15～18 份减少至 10 份以下，办理时间缩短至 20 分钟内，人民群众的获得感明显增强。青岛市聚焦人民群众办事需求，推进业务场景化融合，重构了 36 个全流程数字化审批服务场景，通过授权"线上转"、表单"一键填"、材料"免提交"、智能"辅助办"，实现了身份数据"自动填"、历史数据"选择填"、共享数据"系统填"，表单免填写率达到 80%，免提交率达到 70%，审核效率提高到 60% 以上，实现了政务服务从"全程网办"到"智审慧办"的迭代升级，极大提升了人民群众的办事效率，让人民群众切实感受到高效便

捷的政务服务。

人民群众与政府间的距离更加贴近。人民群众获取政府信息更加便捷，与政府的沟通渠道得以拓展，有效沟通和信息反馈得到显著增强。人民群众可以通过政府设立的官方政务网站、政务新媒体平台、移动政务服务应用等多种类型的在线系统，获得丰富的政府政务信息。同时，通过政府设立的在线系统，人民群众可以方便地与政府进行服务咨询、投诉举报、信息请求及意见反馈等互动，增强了人民群众与政府的有效沟通和反馈，同时也提升了人民群众参与基层治理的获得感。

例如，北京市的"市民服务热线"，市民可以通过电话、网站、App 等多种方式，向北京市政府提出咨询、投诉和建议，这些渠道的拓展使市民更加方便地与政府沟通，表达自己的需求和意见；杭州市的"市民之家"平台，市民可以通过该平台在线提交政务事项的办理申请，杭州市政府会及时响应和处理，提高了沟通的效率和效果。

有效赋能企业发展，经济治理效能稳步提升

随着数字技术的迅猛发展，数字政府建设成为推动经济增长的重要引擎之一。政府利用数字技术准确把握行业和企业的发展需求，打造主动式、多层次的创新服务场景，精准匹配公共服务资源，完善数字经济治理体系，探索建立与数字经济持续健康发展相适应的治理方式，创新基于数字技术的监管模式，将监管和治理贯穿创新、生产、经营、投资全过程，进而提升政府经济治理效能。数字治理正朝着"以数字政府建设为牵引，拓展经济发展新空间，培育经济发展新动能"的方向发展。

政府利用数字技术深化"放管服"改革，助力优化企业营商环境。一方面，政府通过建立在线服务平台，实现了"一站式"服务，既简化了企业办事的行政审批流程，降低了市场准入门槛，又为企业提供政策解读、市场信息、融资对接等服务，为企业进

入市场并获得良性发展奠定了基础。另一方面，政府利用大数据分析技术，对企业运营数据进行深入挖掘和分析，为企业提供市场趋势预测、供应链优化等服务。同时，企业的服务保障水平得到大幅提升，政府依托线上线下政务服务渠道，统筹行业协会、市场化专业服务机构等涉企服务资源，为企业提供公证、合规指导、涉企纠纷调解等法律服务，融资担保、产业基金对接、上市培育等金融服务，科技企业培育、"产、学、研"对接等科创服务。

例如，广东省建设"粤商通"企业服务平台，推动涉企政务服务"一站式、免证办"，推出"广东省稳市场主体诉求响应平台""粤财扶助""法人数字空间"等特色服务平台，助力优化营商环境。截至2023年8月底，累计市场主体注册用户数达1508.9万，日均访问量330万次，累计访问量达29.34亿次，月活跃用户数超260万，集成电子证照1333类，累计上线涉企高频服务超3600项。"粤商通"创新推出企业数字名片"粤商码"免证办事，设立"电子营业执照"系统支持自然人股东刷脸认证等，覆盖广东省21个地市，支持1919个办事大厅涉企服务免证办，不断推动企业全生命周期"一站式"办理。赣州市以优化营商环境为目的，围绕更好地服务企业商事主体，通过建设"亲清赣商"惠企服务平台实现惠企政策的"集中汇聚、精准查询、主动推送、高效兑现"。自平台投入使用以来，已经打通和对接委办局94个，线上提供可办理的惠企服务事项1293件，完成办件兑现数67698件次，兑现惠企金额数42.81亿元，服务满意度达到99.98%。

在过去的三十年中，数字治理的发展不仅改变了政府的管理方式，也深刻影响了人民群众的生活。它见证了我国从传统治理模式向现代化、数字化、智能化治理转变。这一过程不仅推动了政府职能的转变，提升了政府治理的效率和质量，也为人民群众提供了更加便捷、高效的公共服务。数字治理的发展，是数字技术进步与政府改革相结合的产物，它深刻地改变了政府与人民群众、政府与社会之间的关系，为构建更加开放、透明、智能的政府治理体系奠定了坚实的基础。

安全治理是中国互联网三十年发展的
重要组成部分，政府、企业、社会组织、用户
等多元主体共同推进安全治理不断向前发展。随着
互联网对社会生产、生活影响的不断拓展深入，其治理
理念也随之不断演进。从单机安全、应用安全、内容安全到
关键信息基础设施安全、数据安全、供应链安全……安全治理体
系不断完善。针对互联网的安全治理能力不仅是支撑建设网络强国、
数字中国的重要指标，也是总体国家安全观的重要内容。

第十八章
基石力量——安全治理的法规建设

第十九章
拓展深化——动态演进及安全边界

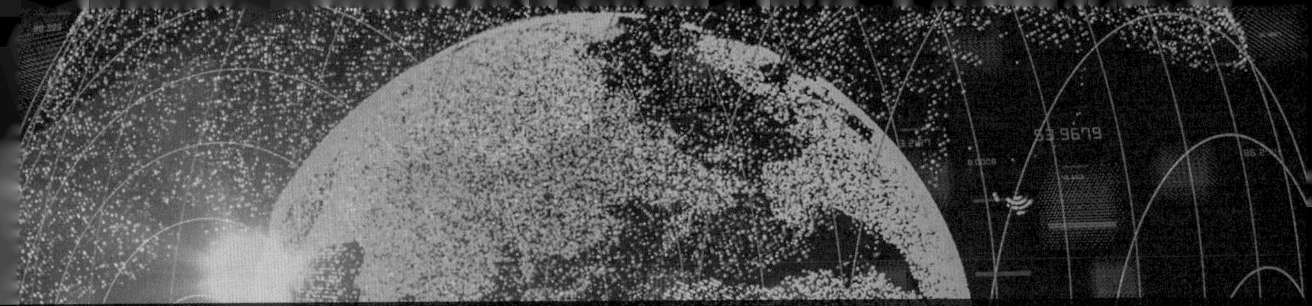

总体看，我国网络安全治理领域的发展大致分为 3 个时期：传统安全时期、大安全时期和新安全时期。在这跨度三十年的时间里，我国网络安全相关法律制度建设取得显著成就，已制定出台网络领域立法百余部，形成基础性法律、专门性法律、行政法规和部门规章在内的多层次制度体系，基本构建起网络安全政策法规体系的"四梁八柱"。其中，来自产业支撑的力量同样关键。尤其是近些年我国在核心设备、核心器件、核心软件、生态系统建立等关键领域连连突破，在量子计算、人工智能、脑机接口、卫星互联网、6G 网络等前沿技术领域处于世界第一方阵，这为保障我国网络安全、实现国产化自主可控提供了扎实的技术和产业支撑。

未来，随着新技术、新业态的出现，以及新的国际竞争态势的发展，网络安全问题变得愈加复杂，我国网络安全治理的重点逐渐向应用新技术、面向新对抗、拓展新合作三大方面转变。我国的互联网安全治理事业也将在不断的挑战和变化中持续发展壮大，并在全球网络治理中成为越来越重要的积极力量。

安全篇

第二十章

蓬勃发展——来自民族产业的力量

第十八章

基石力量——
安全治理的法规建设

我国自 1994 年全功能接入国际互联网，至今已经走过了三十年的历程。网络安全治理在党中央的引领下，经历了从无到有，从点线到体系，从被动到主动的发展，已成为建设网络强国的重要组成部分。

"没有网络安全就没有国家安全"

随着网络对国家经济、安全的影响越来越深入、普及，我国在网络安全方面的治理也逐步规范、成熟。尤其是党的十八大以来，党中央高度重视互联网、发展互联网、治理互联网。2013年，党中央在党的十八届三中全会《中共中央关于全面深化改革若干重大问题的决定》中明确提出，坚持积极利用、科学发展、依法管理、确保安全的方针，加大依法管理网络力度，加快完善互联网管理领导体制，确保国家网络和信息安全。

2014年2月，习近平总书记在中央网络安全和信息化领导小组第一次会议上提出了建设"网络强国"的目标。此后，这十年间，我国部署了一系列重大举措，出台了一系列重要法规，并坚定不移地贯彻落实。如陆续颁布了《中华人民共和国网络安全法》《中华人民共和国数据安全法》和《中华人民共和国个人信息保护法》等重要法律，推出了加强信息基础设施网络安全保护、深入开展网络安全知识和技能宣传普及、积极发展网络安全产业等重要措施，并将网络安全纳入总体国家安全观的重要组成部分。

通过十年来的持续发展，我们实现了国家网络安全保障和信息化建设的双重目标，统一了社会各界对网络安全和信息化建设重要性的认识，为我国网络安全、国家安全的持久、高效发展奠定了坚实基础。我们越来越深刻地认识到，没有网络安全就没有国家安全，就没有经济社会稳定运行，广大人民群众利益也难以得到保障。

不断完善的网络法律制度体系建设

我国网络法律制度建设取得显著成就，已制定网络领域立法百余部，形成基础性法律、专门性法律、行政法规和部门规章在内的多层次制度体系。在关键信息基础设施保护、个人信息保护、数据安全管理、新技术风险防范等领域的能力持续加强。

在关键信息基础设施保护领域，我国在《中华人民共和国网络安全法》对其包含范围、运行制度等方面进行了明确说明。除了在总则第五条明确了须"保护关键信息基础设施免受攻击、侵入、干扰和破坏"外，同时在第三章第二节专门对"关键信息基础设施的运行安全"用大篇幅进行了详细要求。此外，围绕关键信息基础设施的密码保护、相关产业服务采购和出海安全审查等方面专门制定了一系列法律法规。2019年10月，全国人民代表大会常务委员会通过《中华人民共和国密码法》，明确关键信息基础设施应使用商用密码进行保护，开展密码应用安全性评估，落实网络安全审查制度的要求，形成了我国关键信息基础设施商用密码应用管理的顶层架构。2021年7月，国务院发布《关键信息基础设施安全保护条例》，细化了关键信息基础设施运营者的责任义务，有利于进一步健全关键信息基础设施安全保护法律的制度体系。2021年12月，国家互联网信息办公室等十三部门联合修订发布《网络安全审查办法》，在对关键信息基础设施运营者的产品和服务采购活动进行审查的基础上，重点增加了网络平台运营者赴国外上市活动的审查要求，补充了审查过程中需要评估的国家安全风险因素，进一步保障网络安全和数据安全，维护国家安全。2023年4月，国务院颁布修订后的《商用密码管理条例》，深化了对关键信息基础设施的商用密码应用管理要求，有助于促进商用密码技术的有序发展，完善现有监管体系。

在个人信息保护领域，我国针对个人信息的处理规范、防范个人信息用于电信网络诈骗，以及未成年人信息保护等方面出台了相关的法律法规。2021年8月，全国人民代表大会常务委员会通过《中华人民共和国个人信息保护法》，这是我国第一部个人信息保护方面的专门法律，旨在保护个人信息权益、规范个人信息处理活动、促进个人信息被合理利用。2022年9月，全国人民代表大会常务委员会通过《中华人民共和国反电信网络诈骗法》，建立了个人信息被用于电信网络诈骗的防范机制。该法律规定个人信息处理者反诈防范义务，要求对可能被电信网络诈骗利用的物流信息、交易信息、贷款信息、医疗信息、婚介信息"五类个人信息"实施重点保护，是在《中华人民共和国民法典》《中华人民共和国个人信息保护法》外，结合电信网络诈骗的特点，对个人信息保护做出了新的补充规定，进一步完善了我国公民的个人信息保护制度。

同时，《中华人民共和国未成年人保护法》《儿童个人信息网络保护规定》《未成年人网络保护条例》等未成年人网络保护法治体系不断完善，有力保护了未成年人健康成长。这些法律法规聚焦老百姓的"急难愁盼"，一系列关系群众切身利益的重点领域立法力度不断加大，为人民群众安居乐业保驾护航。

在数据安全治理领域，为顺应全球数字经济发展大潮、推动中国数字经济高质量发展，筑牢数字安全屏障，我国积极探索合规高效的数据安全规则和全球跨境数据流动规则。2021年6月10日，第十三届全国人民代表大会常务委员会第二十九次会议通过《中华人民共和国数据安全法》，是我国首部针对数据安全治理的基础性法律。2022年7月，国家互联网信息办公室发布《数据出境安全评估办法》，明确了应当申报数据出境安全评估的情形、数据出境安全评估内容、数据出境的具体流程等事项，为数据处理者开展数据出境安全评估提供了确定性的法律依据，这标志着我国距离数据安全评估制度的落地有了长足的进步。2023年2月，国家互联网信息办公室公布《个人信息出境标准合同办法》，规定了个人信息出境标准合同的适用范围、订立条件和备案要求，明确了标准合同范本，为向境外提供个人信息提供了具体指引，其公布标志着我国数据跨境流动管理制度基本完善。2024 年 3 月，国家互联网信息办公室正式公布《促进和规范数据跨境流动规定》，有利于实现发展与安全的平衡，更好地保障数据安全，保护个人信息权益，促进数据依法有序自由流动。2024 年 8 月，国务院公布《网络数据安全管理条例》，该条例以《中华人民共和国网络安全法》《中华人民共和国数据安全法》和《中华人民共和国个人信息保护法》等基础性法律为顶层依据，对个人信息保护、重要数据安全管理、境内数据跨境传输的规则在行政法规层面进行了细化规定，同时提出实行网络数据分级分类保护、明确各类主体责任等若干项要求，更清晰、明确地压实了数据处理者的职责和义务。

在网络内容生态治理领域，我国以培育和践行社会主义核心价值观为根本，以网络信息内容为主要治理对象，以建立健全网络综合治理体系、营造清朗的网络空间、建设良好的网络生态为目标，加快对网络信息内容生态的治理步伐。2017 年 5 月，国家互联网信息办公室发布《互联网新闻信息服务管理规定》，对互联网新闻信息服务许可管理、网信管理体制、互联网新闻信息服务提供者主体责任等做出了规定。2018 年 11 月，国家互联网信息办公室和公安部发布《具有舆论属性或社会动员能力的互联网信息服务安全评估规定》，为互联网信息服务提供自主开展安全风险评估提供指导。2019 年 12 月，国家互联网信息办公室发布《网络信息内容生态治理规定》，规范网络信息内容生产者、网络信息内容服务平台、网络信息内容服务使用者和网络行业组织在网络生态治理中的权利与义务，有助于进一步明确治理任务，动员全社会共同参与网络信息内容生态治理，营造良好的网络生态。2021 年 1 月，国家互联网信息办公室联合工业和信息化部、公安部起草《互联网信息服务管理办法（修订草案征求意见稿）》，并向社会公开征求意见，规定信息发布审核制度和新业务安全评估制度，细化规定打击违法犯罪活动的配合要求，以应对互联网信息服务领域出现的多元化法律问题，这表明对互联网信息服务提供者的深层次全面化监管趋势已经确立。2023年10月，国务院公布《未成年人网络保护条例》，设立"网络信息内容规范"专章，加强对涉及青少年身心健康内容的规范，为未成年人上网筑牢"防火墙"。

在网络经济治理领域，我国通过颁布系列法律法规依法平等保护各类市场主体产权和合法权益，让市场主体对制度保持预期、对市场保持底气、对事业充满信心。2019年1月，《中华人民共和国电子商务法》实施，全面规范了电子商务经营行为。2020年1月，《优化营商环境条例》施行，要求提升监管的精准化、智能化水平，优化营商环境制度建设进入新阶段。面对新形势，2022年国家启动修订《中华人民共和国反不正当竞争法》《中华人民共和国反垄断法》，旨在进一步完善平台经济反垄断制度。

在人工智能等新技术、新业态的安全治理领域，我国坚持用发展的思维积极探索治理模式，开展前瞻性谋划和布局。在科技伦理方面，我国相继发布《中华人民共和国科学技术进步法》《关于加强科技伦理治理的意见》《科技伦理审查办法（试行）》等法律法规和相关规定，强化科技伦理风险防控，促进负责任创新，并为规范科学研究、技术开发等科技活动开展科技伦理审查工作。在算法应用方面，2021年12月，国家互联网信息办公室等四部门联合发布《互联网信息服务算法推荐管理规定》，指出种种算法乱象，明确了算法推荐服务提供者的信息服务规范、用户权益保护要求，有效规范了互联网信息服务算法推荐活动，推动改善了互联网生态环境。2022年11月，国家互联网信息办公室等三部门联合发布《互联网信息服务深度合成管理规定》，明确了深度合成服务的一般规定、深度合成数据和技术管理规范，系统规范了深度合成服务，筑牢技术安全屏障。在生成式人工智能服务管理方面，2023年7月，国家互联网信息办公室等七部门联合公布《生成式人工智能服务管理暂行办法》，作为全球首个全面监管生成式人工智能的立法文件，提出国家坚持发展和安全并重、促进创新和依法治理相结合的原则，启动对生成式人工智能服务实行包容审慎和分类分级监管，明确了提供和使用生成式人工智能服务总体要求，是我国立法在人工智能领域的重大进步。在人脸识别技术合规方面，2023 年 8 月，国家互联网信息办公室发布《人脸识别技术应用安全管理规定（试行）（征求意见稿）》，以规范人脸识别技术应用，保护个人信息权益及其他人身和财产权益，标志着人脸识别技术的应用将正式进入强监管时代。

截至目前，我国出台了网络领域立法 150 多部，形成以宪法为根本、以法律法规为依托、以传统立法为基础、以网络专门立法为主干的网络法律体系，搭建起中国网络法治的"四梁八柱"。实践充分证明，推进依法治网，建设网络强国，既是经济发展的重要推动力，也是人民幸福生活的重要保障。驻足回望，新时代网络法治建设已经取得历史性成就、实现跨越式发展，形成中国特色治网之道，为全球互联网治理贡献了中国经验、中国智慧和中国方案。在全面建设社会主义现代化国家新征程上，必须坚持科学立法、民主立法、依法立法，奋力开创新时代网络法治工作新局面，为网络强国建设提供高质量服务、支撑和保障。

第十九章

拓展深化 ——
动态演进及安全边界

从 1994 年我国全功能接入互联网至今，核心技术、重大事件、商业模式的升级，以及国家竞争等多元因素，共同推动着网络安全攻防两端的形态演进。按照形态特征可以将网络安全治理领域的发展大致分为 3 个时期：传统安全时期、大安全时期、新安全时期。

传统安全时期，
三次重要变化

从 1994 年到 2012 年，是我国互联网安全事业从萌芽探索到初步完成体系化建设的重要时期。总的来讲，这一阶段的技术发展、组织目的、治理手段都处于传统安全范畴，网络安全攻防两端和治理系统都处于加速发展的态势，为此后的发展奠定了坚实基础。

在这一阶段，技术和产业发展主要经历了三个重要变化。

第一，安全/病毒技术环境发生了变化。在网络尚未普及的年代，病毒的传播是通过物理介质完成的，例如现在已经很少见的软盘和光盘，其传播力和破坏力都比较小。例如，1987 年出现的 C-Brain 病毒，其运行在 DOS（磁盘操作系统）下，通过软盘传播，可以在运行后消耗掉使用者的内存空间。但是，从 20 世纪 90 年代开始，网络技术环境发生了两次重大变化，深刻影响了安全技术和产业的发展。第一次变化发生

在 20 世纪 90 年代到 21 世纪初，随着 Windows（视窗操作系统）取代了 DOS，并迅速向个人、政府和商业机构普及。在此背景下，病毒也随之升级，会有更强的传播性和破坏性。例如，CIH、爱虫病毒、冲击波病毒、"熊猫烧香"病毒等，但这一时期绝大多数病毒都由制作者自行编写。第二次变化是以 2008 年国务院常务会议研

向操作系统公司、移动终端公司转移，专业杀毒软件公司的市场影响逐渐减弱。

第二，安全技术思路和商业模式发生了变化。2008年前后，免费杀毒的商业模式取代了收费模式，同时在技术上完成了由单机防护模式升级到端网结合的检测防护模式，开启了中国网络安全的新阶段。此前主流的杀毒方式是在个人计算机上安装病毒特征库，对计算机里的文件逐个进行扫描比对，其核心思路是"查黑"。同时，监控和扫描还要占用庞大的系统资源，导致计算机运行越来越慢，网络安全领域迫切需要新的杀毒方法。端云结合模式顺应了这一需求，其基本思路是除确认可信的程序外，其他一切程序都不可信。且将原本放在计算机中的特征对比工作放在云端服务器中，从而解放了本地终端的计算和存储资源，同时实现了病毒特征库的实时在线更新。端云结合相比于第一代"本地查黑"技术具有更强的查杀能力，可以提供更好的用户体验，并积累更全面的数据，这为安全产业向大数据方向、智能化方向发展奠定了基础。

究同意启动第三代移动通信（3G）牌照发放工作为标志，我国的用户网上行为开始从个人计算机互联网向移动互联网快速迁移，杀毒市场也相应从PC端快速转向移动端。同时，移动端的iOS和安卓操作系统可以为用户手机提供包括安全启动链机制、应用代码签名、沙盒机制等系统级的安全防护机制。自此，产业逐渐第三，产业重心逐步从个人市场向政企市场转移。2010 年前后的企业及政府对信息安全的需求快速发展，政企市场成为安全产业的核心推动力。一方面，蠕虫/木马、DDoS 等各类攻击手段和类型多元化，防范难度快速提升，而当时的政府网站安全防护薄弱、金融行业和工业控制系统安全面临严峻挑战，促使政企客户在业务与办公环节的安全性需求大幅增长。另一方面，规范信息安全和认证已经成为国家信息安全保障工作的战略决策，要求政企市场对防火墙、网络安全隔离卡与线路选择器、安全隔离与信息交换产品等十余类产品实施强制认证。启明星辰、绿盟科技、天融信、卫士通等企业安全服务商，都在这一时期取得了快速发展，市场展现蓬勃向好的发展态势。

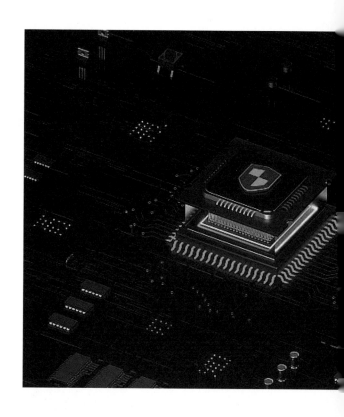

大安全时期，网络安全成为国家安全核心内容

从 2013 年到 2019 年，各国开始重新评估网络安全的范畴和重要性，启动了关于网络安全、数据流动、隐私保护等方面的密集立法过程。例如，欧盟废除欧美《避风港协议》，取而代之，2018 年以来陆续发布了《通用数据保护条例》《数字服务法案》《数字市场法案》等一系列法律法规，致力于维护数字主权、数据安全、保护用户隐私和推动公平竞争，标志着全球主要国家的网络安全治理进一步深化和立体化。

这一时期我国处于新时代大安全格局的构建阶段，网络安全顶层设计和总体布局不断完善，网络安全战略和政策法规体系持续健全，网络安全自主可控能力全面提升，网络安全防线进一步夯实，为全面推进中国式现代化提供了坚强安全保障。

我国制定和实施网络安全战略。2013年年底，中共中央办公厅、国务院办公厅、工业和信息化部牵头启动"党政电子公文系统"升级试点，拉开了党政信创的发展序幕。2014年2月，中央网络安全和信息化领导小组成立，体现了我国全面深化改革、加强安全顶层设计的意志，并显示出保障网络安全、维护国家利益、推动信息化发展的决心。特别是在2014年4月15日，习近平总书记主持召开了中央国家安全委员会第一次会议并发表重要讲话。他强调，要准确把握国家安全形势变化新特点新趋势，坚持总体国家安全观，走出一条中国特色国家安全道路。这也意味着，在总体国家安全观中，网络安全是其中的重要方面，我国在网络安全和信息化领域迈入了一个新的时代。

我国网络安全治理走向法治化。2016年11月，全国人大常务委员会通过《中华人民共和国网络安全

法》，成为我国网络安全的基本法，旨在保障网络安全，维护网络空间主权和国家安全、社会公共利益，以及保护公民、法人和其他组织的合法权益，并促进经济社会信息化健康发展，标志着我国在网络安全治理方面迈出了重要一步。

我国明确了网络安全的主张与格局。2016年12月，国家互联网信息办公室发布《国家网络空间安全战略》，该战略一方面作为指导国家网络安全工作的纲领性文件，强调了面对日益严峻的网络安全形势，必须切实维护国家在网络空间的主权、安全和发展利益。另一方面，明确了中国关于网络空间发展和安全的重大立场和主张，提出了捍卫网络空间主权、维护国家安全等任务，并推动构建网络空间命运共同体。《国家网络空间安全战略》推动将网络空间建设成一个造福全人类的发展共同体、安全共同体、责任共同体和利益共同体。各国应该共同构建网络空间命运共同体，推动网络空间互联互通、共享共治，为开创人类发展更加美好的未来助力。这表明中国不仅关注自身的网络安全，也致力于在全球范围内

倡导公平合理、开放包容、安全稳定的网络环境，让互联网更好地造福世界各国人民。

网络安全成为大国博弈新疆域。2018年前后，部分国家开始针对我国通信设备商启动商业打压，对我国企业开展多轮"实体名单制裁"。我国面对这一变局，激发出了强大的科技潜力和经济韧性。随着HUAWEI Mate60系列手机的问世，一定程度上标志着我国在核心元器件、底层生态系统、核心软件工具等各环节取得突破，国产化自主可控能力不断提升，技术创新进步巨大，我国在信息产业安全领域从被动防御进入战略相持阶段。同时，从企业到相关管理部门和消费者都更加统一思想，认识到产业和技术自主对于网络安全、信息安全和社会、经济安全的重要性。

网络信息是跨国界流动的，信息流引领技术流、资金流、人才流，信息资源日益成为重要生产要素和社会财富，信息掌握的多寡成为国家软实力和竞争力的重要标志。信息技术和产业发展程度决定着信息化发展

水平，要加强核心技术自主创新和基础设施建设，提升信息采集、处理、传播、利用、安全能力，更好惠及民生。

新安全时期，到底新在哪里？

当前，我国已全面进入新安全时期，伴随新一代人工智能、元宇宙、量子计算、智能终端等新技术、新业态的不断涌现，网络安全将面临更加严峻复杂的新形势、新任务，要求行业做好前瞻性战略布局，秉持系统性思维，统筹发展与安全，不断攻克新技术、化解新对抗、拓展新合作。

新一代人工智能技术的快速发展和应用为网络安全带来了严峻挑战。奇安信发布的数据显示，2023年，基于 AI 的深度伪造欺诈增加了3000%，基于 AI 的钓鱼邮件数量增长了 1000%。同时，各类基于 AI 的新型攻击种类与手段不断出现，包括黑产大语言模型、恶意 AI 机器人、自动化攻击等，在全球范围内造成了严重的危害。

元宇宙作为一个虚拟、开放的新型数字空间，面临与现实网络空间相似的诸多安全风险。元宇宙分别在2016年和2022年前后产生了两轮热潮。从本质上看，元宇宙是一种人类对未来网络生活状态的愿景，是由多元技术共振突破的产物。尽管元宇宙产业在2023年再次进入低潮，但是终端技术、计算技术、AI技术等仍在快速发展，元宇宙描述的与现实世界平行的数字场景很可能会逐步成为现实。这对于网络信息安全、资产安全、伦理安全以及文化和意识形态安全会产生巨大冲击，对现有的经济和社会运行秩序提出挑战。例如，如何定义网络身份以及其责任、义务与权利，网络空间如何与现实社会良性协同都是需要逐步解决的核心问题。

量子技术有望彻底改变包括网络安全攻防两端的各个领域。其最深远的影响是量子计算将使现代加密技术例如非对称加密算法、对称密钥加密算法等面临攻破的风险。为了应对量子计算的威胁，后量子加密（Post Quantum Cryptography，PQC）和量子密钥分发（Quantum Key Distribution，QKD）等新技术正在被研发、应用。QKD依靠量子纠缠光子的传输生成加密密钥，提供了一种理论上几乎不可能的安全通信方法。同时，量子计算也有望增强网络安全威胁检测和响应。例如，通过利用量子计算机上的机器学习算法，使用方可以实时分析大量数据集，以检测表明网络威胁的模式，赋予使用方主动防御措施能力，从而有效地阻止攻击并降低风险。

人形机器人、智能汽车等与社会生活结合更紧密、功能更强大的智能终端将成为网络安全防范的重要内容。一方面，这类智能终端直接作用于物理世界，一旦对这些终端完成非法控制，可对使用者直接造成身体伤害，其负面影响将远远超越手机和电脑等设备。另一方面，人工智能的演进速度和方向具有一定的未知性，人工智能算法、数据等相关要素的安全策略尚不成熟，也将成为这一阶段长期攻关的方向。

未来是多元技术群有望共同突破、共振发展的时代，新技术将对人类社会生产生活带来重大影响。这将使人类对网络的依赖更加普遍、深刻。

没有网络安全就没有国家安全，网络安全作为国家安全的基础能力，越来越深入地影响经济安全、社会安全和产业安全的方方面面。网络安全是全球性挑战，没有哪个国家能够置身事外、独善其身，维护网络安全是国际社会的共同责任。我国作为负责任的大国，积极应对新时期网络安全的新挑战、国际竞争的新态势，不断提升网络安全治理能力，持续深化全球治理合作。

一是应对新技术。伴随 AI 技术快速发展，深度伪造、钓鱼软件、黑产大语言模型等已经对网络安全带来了重大挑战。未来，互联网安全治理还将持续面对来自自动驾驶、脑机接口、智能机器人、卫星互联网、6G 网络以及元宇宙、数字人等更多新技术、新业态带来的新问题，对法律法规政策制定的前瞻性、专业性、系统性、平衡性提出了更高的要求。

二是面向新对抗。受国际政治和经济形势的影响，"逆全球化"潮流不断涌现。各个国家、区域间的竞争对抗日趋激烈，网络空间对抗呈现全方位、立体化形态。网络空间对抗贯穿产业安全、意识形态安全、关键信息基础设施安全、数据信息安全等领域，成为国家安全竞争的主要战场，也对我国的网络安全治理提出了更高要求。以上形势要求我国需推动政策法律建设和安全科技进步双轮驱动，形成网络安全的双保险。

三是拓展新合作。深入贯彻落实习近平总书记关于构建网络空间命运共同体的思想理念、价值主张等顺应时代发展趋势、符合人类社会共同利益的治理方案。一方面，我国将同各国政府和国际组织共同面对新的挑战，共同制定网络空间行为规范，打击跨国网络犯罪，分享治理手段，构建更加安全、稳定和繁荣的网络空间。另一方面，我国推出了多个国际共建项目，例如，推进援非"万村通"项目，为上万个偏远村庄接入卫星电视信号，助力非洲民众联通世界；推动中国电商企业扎根拉美等地区，促进当地数字转型；中国—东盟信息港建设全面提速；中阿网上丝绸之路经济合作试验区启动建设。一个个中国行动，不断书写网络空间命运共同体的华彩篇章。

第二十章
蓬勃发展——
来自民族产业的力量

科技与产业自主是任何国家实现网络安全的基础和前提。我国的网络安全民族产业从无到有，从单点产品突破到构建生态体系，经过三十年的历练已经发展成为保障网络安全、国家安全的重要支撑。

2018 年 4 月，习近平总书记指出："发展数字经济，离不开一批有竞争力的网信企业。要坚定不移支持网信企业做大做强，也要加强规范引导，促进其健康有序发展。"总书记的讲话体现了党中央对网络安全和信息化产业发展的高度重视。

我国要掌握网络发展主动权，有效应对当前的国际竞争形势和人工智能、量子计算等新兴技术挑战，就必须积极响应党中央号召，不断加强科技创新和产业自主，为我国网络安全筑起坚固长城！

从萌芽到成熟
迈向千亿规模

我国的网络安全产业始于 20 世纪 90 年代初。首先，家庭计算机逐渐普及。其次，许多企事业单位开始把网络安全作为系统建设中的重要内容，一大批基于计算机及网络信息的系统开始建立并运行，这是安全产业市场发展的基础和前提。最后，网络安全人才培养的起步也是中国网络安全产业发展的重要标志。20 世纪 90 年代，一些高校和研究机构也开始将信息安全作为大学课程和研究课题。1998 年，教育部颁布的《普通高等学校本科专业目录》正式设立信息安全专业，专业代码为 071205W。

网络安全产业可以根据用户特点的不同分为消费端和政企端。在消费端，国内的瑞星、江民、金山毒霸等专业杀毒公司在 2000 年前后崛起，形成了三足鼎立的局面，占据了国内主流市场。国外的卡巴斯基、诺顿等厂商占据少数高端市场。就技术特点而言，这一时期的杀毒软件主要采用单机防护模式，通过病毒特征码对已知病毒进行查杀，同时采用动态行为特征防范未知病毒。此后在 2008 年，我国网络安全公司实现了双重创新升级。技术上采用端云结合的检测防护模式，互联网模式替代了传统商业模式，通过免费杀毒快速获得大规模用户和流量，企业最终依靠广告和增值业务获得盈利。这一模式的推出迅速占领了市场，成为中国消费端安全领域的主流模式。

在政企端，国内多家政企网络安全市场的头部公司也在这一时期生根发芽。1995 年，天融信在北京中关村创立，于 1996 年推出国内第一套自主产权防火墙。1996 年启明星辰成立，并在 2000 年 4 月推出国内第一款硬件入侵检测产品——天阗 IDS。同年，绿盟科技在北京创立，深信服在深圳成立。

根据中国网络安全产业联盟发布的《2023 年中国网络安全市场与企业竞争力分析报告》，2022 年，我国网络安全市场规模约为 633 亿元，未来 3 年将保持超过 10% 的增长速度，到 2025 年市场规模预计将超过 800 亿元。近年来，网络安全生态日益扩展，运营商、IT 厂商、集成商纷纷投入网络安全业务板块，其他软件产业的细分领域也逐渐涉及网络安全业务，在广义上网络安全产业规模总体可达到 2200 亿元，成长空间更为广阔。

截至 2023 年上半年，我国共有 3984 家公司开展网络安全业务，同比增长 22.4%。前 4 名企业的市场份额已经从 2018 年的 21.71% 提升到 2022 年的 28.59%，这是市场逐步走向成熟的表现。从区域的角度来看，经济发达地区对网络安全的投入逐步加大。北京、广东、上海、江苏、浙江、四川、山东、福建、湖北、安徽等地区是我国网络安全企业最集中，也是发展程度最高的区域。

未来，我国网络安全产业在国内外都将实现持续增长。在国内市场，个人隐私保护、工业互联网安全、数据安全、人工智能安全、云安全、物联网安全以及智慧城市中的交通、能源、医疗等各种智能场景的安全需求，将成为支撑网络安全市场规模扩容并高速增长的新板块。在海外市场，网络安全企业紧跟国家"一带一路"倡议，积极探索海外市场。深信服、奇安信和绿盟等头部企业的海外业务发展良好，创新型企业积极尝试突破，海外市场占比已实现小幅提升。未来海外市场将成为中国网络安全企业新的收入增长点。

只有自主可控，才有真正安全

信息产业链自主能力和可控能力是构建网络安全的基础和前提。近年来，我国已经在芯片设计、芯片制造、生态构建等方面取得了重大进展，涌现出一批骨干企业，从而在物理设备和生态基础层面为网络安全建设打下了坚实基础。

在芯片从无到有的链条中，芯片设计是首要环节。但美西方国家对我国进行了多次科技封锁，在这种情况下，我国科技企业奋起直追，利用短短几年时间在芯片设计方面取得历史性突破，极大改善了先前的不利局面。

芯片设计是在 EDA[1] 工具的支持下，通过自主研发或者购买 IP 授权并遵循严格的集成电路设计仿真验证流程，完成功能设计的整个过程。在 EDA 领域，华大九天的模拟电路设计 EDA 全流程是该领域全球领先的解决方案之一。概伦电子在存储器、模拟和混合信号电路设计领域拥有部分国际领先的核心技术。此外还有芯华章、广立微等一批国内 EDA 公司快速发展。在 IP 领域，龙芯、华为等骨干公司已经逐步培育了自主研发、独立可控的 IP 体系，实现了国产化替代的重要突破。

值得一提的是，通信运营商同样在核心芯片设计方向取得了突破。中国移动研发的"破风 8676"可重构 5G 射频收发芯片，是国内首款基于可重构架构设计，可广泛商业应用于 5G 云基站、皮基站、家庭基站等 5G 网络核心设备中的关键芯片，有效提升了中国 5G 网络核心设备的自主可控度。

在芯片制造、设备和材料等环节，我国也涌现出中芯国际、华虹公司、长江存储、北方华创、中微公司、有研新材、沪硅产业、长电科技等一大批骨干企业，实现了国产产业链的初步自主可控。根据国家统计局公布的数据，2023 年我国的集成电路产量为 3514 亿块，而在 2024 年第一季度已经生产芯片 981 亿块，同比增长 40%，创下了历史新高。

在生态构建方面，基于微内核、面向全场景的华为鸿蒙操作系统在 2019 年 8 月正式发布，截至 2024 年 3 月底，已有 4000 多个应用加入鸿蒙生态，原生应用生态伙伴已经突破 200 家，官方预计到 2024 年年底将有 5000 款应用完成原生鸿蒙开发。此外，在桌面操作系统方面，深度操作系统、麒麟操作系统、统信操作系统已经逐步普及，为从系统底层保证国家网络安全提供了坚实保障。

以科技之力，不停息！

在前沿科技多领域的布局、突破和领先，为我国网络安全建设的

1　EDA：Electronic Design Automation，电子设计自动化。

不断演进奠定了扎实的技术和产业基础，为应对日益复杂化、智能化、组织化、立体化的网络攻击行为提供了自主可控、资源雄厚的安全措施保障。只有在新技术领域充分布局，才能使我国对网络攻击的发展规律和趋势掌握得更深刻，才能建设起更牢不可破的网络安全基础设施，才能在各个环节培养出具有实战经验的网络安全人才，才能为我国网络安全治理法律法规的不断完善提供支撑。

全球正处在量子技术、人工智能等技术同步共振的下一代互联网爆发前夜，国家间竞争激烈，对先进技术的掌握将在根本上决定我国未来的网络安全。量子通信将量子叠加和量子纠缠这两大特性结合使用构成了量子通信中核心的安全保障。利用量子通信原理来传输和加密信息，这使它几乎不可能被窃取或破解。我国在量子通信方面的领先优势将在未来极大保障我国的通信安全。2016年8月，我国成功发射世界首颗量子科学实验卫星——墨子号，成为世界上首个实现卫星和地面之间量子通信的国家，并充分验证了利用卫星平台实现全球化量子通信的可行性。人工智能也已经

在内容生产、智能驾驶、科学研究、生产制造、社会管理等多领域成为重要的生产工具。同时，人工智能已经成为网络攻防的新焦点、新范式。其对信息的海量收集、分析与分发能力将对未来网络安全、经济安全、意识形态安全甚至军事安全产生越来越深刻的影响。我国在人工智能产业同样蓬勃发展，华为的盘古大模型、阿里巴巴的通义千问、百度的文心一言，以及月之暗面的Kimi等大模型也已经在国内被广泛应用。截至2023年年底，中国人工智能核心产业的规模已经接近6000亿元。中国拥有人工智能企业4500多家，约占全球的七分之一，创新成果不断涌现。

未来，我国将继续致力于网络信息化建设，坚定不移地走好中国式现代化道路，努力实现网络强国的目标。我国在不断取得技术突破、产业发展、推动国内互联网创新发展的同时，也将始终秉持网络空间命运共同体理念，与国际社会共同应对网络安全挑战，为全人类的互联网事业发展做出重要贡献！

2016 年 7 月 1 日，习近平总书记
在庆祝中国共产党成立 95 周年大会上的讲
话中指出："'明镜所以照形，古事所以知今。'
今天，我们回顾历史，不是为了从成功中寻求慰藉，
更不是为了躺在功劳簿上、为回避今天面临的困难和问题
寻找支撑，而是为了总结历史经验、把握历史规律，增强开拓
前进的勇气和力量。"自中国正式全功能接入国际互联网以来，我
们一直在总结过去，畅想未来。今天，互联网在我国经过三十多年的发
展，未来已来。中国已经建成全球规模最大的网络基础设施和第二大的算力
基础设施，已经拥有全球最多的网民，成为全球最大的互联网市场，互联网早已
融入我们生活的每个细节，成为我国创新发展的重要引擎。

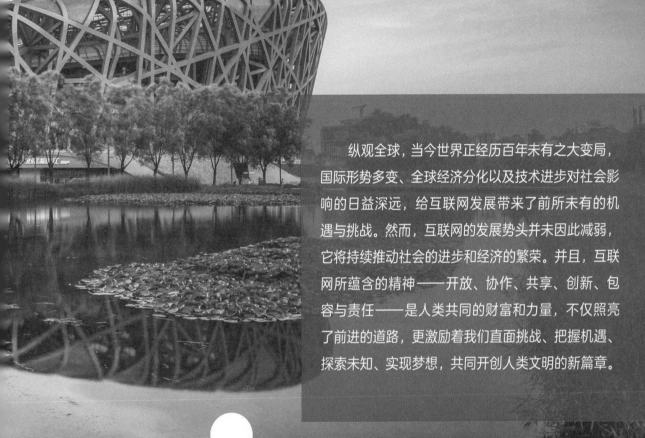

纵观全球，当今世界正经历百年未有之大变局，国际形势多变、全球经济分化以及技术进步对社会影响的日益深远，给互联网发展带来了前所未有的机遇与挑战。然而，互联网的发展势头并未因此减弱，它将持续推动社会的进步和经济的繁荣。并且，互联网所蕴含的精神——开放、协作、共享、创新、包容与责任——是人类共同的财富和力量，不仅照亮了前进的道路，更激励着我们直面挑战、把握机遇、探索未知、实现梦想，共同开创人类文明的新篇章。

写在最后

百年未有
之大变局

当前国际形势风云变幻，百年变局加速演进，全球经济增长放缓且分化加剧，大国博弈和地缘政治冲突持续升级，自然灾害和气候变化的外溢风险带来的挑战日益严峻。此外，互联网的影响在我国逐渐进入深水区，在推动社会进步的同时，也使得社会面临更加多元的挑战。全球发展、安全形势和社会稳定错综复杂，加剧了互联网发展的不确定性。

国际形势风云变幻

在全球化的浪潮中，世界经济和国际关系正经历着前所未有的复杂变化。经济的波动、地缘政治的紧张、大国间的博弈，以及极端气候的挑战，共同塑造着当今世界格局。这些变化不仅影响着国家间的合作与竞争，也对全球治理体系提出了新的挑战和要求。

一是全球经济增长分化加剧，地缘政治影响日益明显。全球经济复苏依旧疲软，且呈现分化加剧的发展态势。国际货币基金组织（IMF）在 2024 年 7 月公布的《世界经济展望》指出，2023 年全球经济增速为 3.3%，较 2022 年下降 0.2 个百分点。同时，预计 2024 年新兴市场与发展中经济体经济增速为 4.3%，而发达经济体经济增速为 1.7%，世界经济呈现双速增长格局。此外，地缘政治的高度紧张对全球投资和贸易产生了显著影响。一方面，地缘政治使世界贸易正在经历保护主义的强力侵蚀，全球分工秩序逐步被地区主义或排他性集团经济替代，国际贸易增长放缓。同时，高通胀、高利率、美元升值、俄乌冲突、公共债务飙升等因素影响，导致全球投资规模不足和投资意愿下降。另一方面，地缘政治还进一步造成全球供应链的分化，一些国家为保护本国高端产业，实

施产业回流政策。以美国为例，特朗普政府时期推出的"美国优先"政策，鼓励美国企业将生产线迁回国内，以减少对外部供应链的依赖。然而，这种政策在一定程度上加剧了全球产业链的分化，对全球经济增长产生了负面影响，进而影响全球贸易和投资活动。还有一些国家试图通过组建"去中国化"供应链联盟，减少对中国的依赖。例如，美国政府推动与日本、印度和澳大利亚等国家建立"供应链弹性计划"，旨在降低对中国供应链的依赖，导致全球产业链的碎片化，进一步加剧全球经济增长分化。

二是大国博弈高位持续，国际体系加速重组。大国间地缘政治与意识形态竞争烈度依然居高不下，继续推动整个国际体系加速分化重组。首先，美国对华战略更为明朗，构筑"小院高墙"的科技封锁、打造基于规则的"国际秩序"、围绕"去风险"政策的选择性"脱钩"，对华安全遏制和经济打压提升到前所未有的战略高度。此外，美国还鼓动盟国和其他伙伴国将中国排除关键产业和技术设施的供应链，对华开展了多方位"围堵"。其次，地区冲突的持续蔓延进一步加剧全球和平赤字。表面上俄罗斯和乌克兰的战事向长期化演变，背后却是俄美两个大国的角逐较量，引发全球能源价格危机、通货膨胀等一系列问题。在此之上，巴以冲突又骤然爆发，冲突风险不断外溢扩散，造成了全球安全风险、金融风险、贸易风险等一系列隐患。第三，发展中国家"抱团取暖"使"全球南方"成为国际舞台新力量。美国和其他西方国家加大对发展中国家的重视，对中俄的安全遏制和经济封锁等举动进一步使发展中国家更加"团结一心"，自发组织成立了金砖机制、上合组织等机构组织。一方面，发展中国家的群体性崛起使其经济实力日益增长。另一方面，"全球南方"逐渐成为全球治理变革的重要力量，成为国际秩序的重要推动力量。

三是极端气候与自然灾害频发，引发一系列安全问题。陆地海洋变暖导致的全球气候变化持续发展，暴雨洪涝、飓风火山等自然灾害频频发生，气候极端化导致的极端天气事件不仅使全球粮食大幅减产和粮食品质下降，形成粮食安全问题，还进一步提高了供应链受阻或断裂的可能，导致全球供应链韧性受到挑战。此外，极端天气对依赖天气条件的新能源如风能和太阳能的稳定性构成威胁。例如，干旱可能减少水力发电的水源，而热浪和极寒天气可能影响太阳能板和风力涡轮的效率。此外，极端天气事件还暴露了可再生能源在储能时长上的局限性，需要强大的能源供给调蓄系统和网络基础设施以及传统能源储备应急供给能力的支撑。极端气候事件对全球发展的危害是多维度的，涉及粮食安全、供应链稳定性、能源转型以及气候变化治理等多个方面。应对这些挑战需要全球范围内的合作与协调，以及创新的适应和减缓策略。

深水区下的多元挑战

随着技术进步，互联网对信息的承载和输出方式逐步富媒体化，越来越深刻地适应和激发人类感官功能，从而不断加深对人类生活的渗透。互联网所承载的内容，从文字到图片再到视频和游戏，近年来已发展到虚拟现实。以元宇宙为例，其作为一种人类社会生活愿景，可以进一步满足人类的感官和情感需求，创造更多的服务体验。尽管在2016年和2022年两次进入高峰后又转入低谷，但是推动其发展的核心技术如人工智能、显示技术、下一代网络技术都在蓬勃发展，未来实现元宇宙所描述的场景是比较确定的。一旦元宇宙成为现实，其高度拟真、深度沉浸，以及"去中心化"经济系统等特征将会把互联网推到一个更高的形态，也将为经济、社会带来全方位挑战。

一是科技的进步也会造成更严重的网络沉迷、现实社交割裂等情况，甚至影响人口规模、社会结构和意识形态。

二是互联网逐渐从生活工具向生产工具转变，对就业市场带来巨大的冲击。在人工智能、人形机器人、6G 等技术的加持下，互联网逐步从通信新闻、社交娱乐、生活服务进入生产制造、交通物流、商业办公，甚至科学研究、医疗教育等生产、服务全领域，成为新质生产力的重要构成，这大幅提升了生产效率，也在客观上对社会大规模失业产生影响。

三是人工智能引发行业变革，激发人们对未来社会和经济形态的担忧。生成式大模型的问世，已经在设计、客服、影视、法律、程序员等行业造成了影响。2024 年 5 月，美国编剧协会发起万人游行，抗议被人工智能取代工作岗位。2024 年 7 月，武汉、广州等地推出的无人出租车，受到了社会各界人士的普遍担忧。实际上，这种无人出租车的推出，不仅可能对出租车司机和滴滴车主造成冲击，而且凭借其低廉的打车费用，极有可能对部分购车群体的购买决策造

成影响，甚至有可能改变整个汽车产业的商业模式，改变汽车产业链的结构和关系。人形机器人已经开始在工厂取代工人，进行复杂的装配、物流等工作。可以预见，未来人形机器人将走进家庭，成为新一代移动计算中心，发挥出比计算机和手机更重要的作用，家政服务员、护工等行业可能逐渐消失。

这种基于网络的智能化、无人化、生产工具化趋势，大幅提升了生产力水平，但目前看并没有创造出等量的新就业机会，这使越来越多的人类劳动人口被"解放"了出来。这种"解放"很大程度上是被动的，造成了生产和消费的割裂，经济链条的闭环被打破了，因此这种新技术、新模式、新形态会对社会发展造成何种程度的影响还需要一定时间去观察研判。

技术发展是大势所趋，互联网的演进永无止境。展望下一个三十年，当 AGI[1]、6G、脑机接口、全息显示、量子计算、具身智能、元宇宙相继到来，我们将逐渐看到未来的样子。

---

1 AGI：Artificial General Intelligence，通用人工智能。

不确定中
寻求确定

互联网的诞生无疑是人类文明发展史上一个重大的里程碑。它以惊人的速度重塑了我们的生活习惯，并持续推动社会向前发展。在这个充满未知与挑战的时代，互联网的未来似乎同样充满了变数，引发我们思考其持续发展的可能性以及其对我们的未来有哪些影响。面对这样的未知，我们或许难以立即给出明确的答案，但通过审视互联网的发展轨迹，我们可以看到，数字技术已经与经济和社会的各个方面紧密相连，成为推动社会进步和经济发展的关键力量。

展望未来，互联网作为一种信息技术和基础设施，可能会随着技术革新而发生变革，甚至可能被更先进的技术取代。但互联网所蕴含的精神——开放、协作、共享、创新、包容与责任——将被永远传承，激励人类继续探索未知的领域，创造更多奇迹，续写人类文明的新篇章。

基础设施——宝贵的财富

在互联网的浩瀚森林中，基础设施恰似深埋地下的根系，为互联网的应用提供源源不断的养分，确保信息能够在全球范围内快速、高效传播，为经济发展提供了新的动力，为社会进步开辟了新的路径，为文化传播搭建了新的平台，支撑着整个数字世界的繁茂生长。同时，互联网基础设施在助力前沿科技突破、生产要素配置和产业转型升级中发挥着关键作用，是推动社会生产力整体跃升的重要物质基础和先决条件。

互联网基础设施的建设，是一个漫长而复杂的过程。它不仅见证了技术的积累和突破，更是人类智慧和努力的结晶。每一次技术的飞跃，都是对基础设施的加固和扩展，让全球更加紧密地联系在一起。回首过去，人们从拨号上网

走向宽带接入，从 2G 到 5G，享受到了前所未有的上网体验。这些技术的革新，极大地提升了互联网的速度和稳定性，改变了人们的工作和生活方式。同时，政策的支持是互联网基础设施建设的重要保障，为基础设施的发展提供了方向和动力，营造了良好的成长环境。此外，互联网基础设施的建设也需要各个产业的协同和合作。从电信运营商到设备制造商，从软件开发商到内容提供商，每一个环节都在为这一基础设施的完善贡献着力量，加速了技术的应用和普及，也推动了整个社会的进步和发展。

如今，呈现在人们眼前的互联网基础设施，早已超越了早期单纯的数据传输和计算功能，已然演变成一个充满智慧的庞大平台。在这个平台上，5G、人工智能、大数据、云计算、物联网等前沿技术如同彩线交织，共同绘制出一幅技术大融合的壮丽图景。随着这些技术的深度交汇，诞生了算网一体、空天地一体、通感一体等创新的基础设施形态。这些形态远非技术的简单堆砌，而是功能、性能与应用层面的深度融合，使得互联网基础设施焕发出前所未有的智慧光芒，运作更加高效、稳定。

随着互联网基础设施的触角不断延伸，这个曾经信息时代的隐秘英雄，如今却站在了变革的前沿，它不再只是虚拟空间的架构，而是现实世界发展不可或缺的骨架，与我们的城市、生产、生活紧密相连，共同呼吸。

在这个融合时代，互联网基础设施与传统基础设施的结合，构筑了一座连接数字与实体的桥梁，开辟了技术与社会进步的新路径。它让车联网、工业互联网、智能电网等融合型基础设施，成为现实与虚拟的交汇点，打破了行业间的壁垒，促进了知识的共享，提升了资源配置的效率，激发了跨行业协作与创新的火花。

站在数字时代的新起点，我们目睹了人工智能作为一股不可阻挡的变革力量，正深刻地影响着各个领域，互联网基础设施亦未能例外。越来越多的 AI 大模型、人形机器人、自动驾驶的出现，对互联网基础设施提出更高的要求，需要更加智能、敏捷、泛在的网络支撑，更加大规模、高性能、低能耗的算力供给，助力全社会的"人工智能+"应用创新。

未来，随着人工智能、大数据、云计算、物联网、移动通信技术的不断迭代与演进，互联网基础设施也将变得更加强大，网络更加快速，算力更加智能，使得互联网基础设施成为一个能够处理海量数据、覆盖更广阔领域的强大系统，为全球每一个角落带来数字化的机遇。同时，未来互联网基础设施的建设，是对人类智慧和决心的考验。它要求我们具备远见、勇气和毅力，去面对未知的挑战，创造一个更加美好的新时代。在互联网的世界里，每个人都是参与者，每个人都是建设者。让我们以开放的心态迎接技术的融合，以创新的精神探索未知的领域，将互联网基础设施作为我们最坚固的基石、最可靠的盟友、最珍贵的财富，与我们共同铸就更加辉煌的数字明天。

互联网的"加乘幂"

互联网效应中的"网络外部性"或者"梅特卡夫定律"（Metcalfe's Law），常常被用来理解互联网的网络辐射特性。梅特卡夫定律指出，网络的价值随着用户数量的增加而增加，且这种增加是非线性的。如果我们将网络价值 V 视为用户数 N 的函数，梅特卡夫定律可以表示为：$V = K \times N^2$。互联网的"加乘幂"，与梅特卡夫定律有异曲同工之妙，从不同角度描绘了互联网发展的速度、影响力和变革力，是一个形象且富有深意的表达方式。

加（＋）——"加"可以理解为互联网的普及和扩展。随着互联网技术的不断发展，越来越多的人、设备和服务被纳入互联网的世界，形成了一个庞大的、不断增长的网络体系。这个过程就像做加法，每一个新的接入点都增加了互联网的整体规模和影响力。

乘（×）——"乘"代表了互联网带来的倍增效应。互联网不仅连接了人和设备，更重要的是，它促进了信息的自由流动和共享，使得知识和资源的价值得以成倍放大。同时，互联网上的各种服务和应用也往往具有网络效应，即随着用户数量的增加，其价值和效用也会成倍增长。

幂（^）——"幂"在这里象征着互联网变革的力量和深度。互联网的发展不仅改变了人们的生活方式、工作方式，还深刻影响了社会结构、经济模式和思维方式。它赋予了个体前所未有的力量，使得信息更加透明、创新更加频繁。互联网的幂级增长效应，正在推动着整个世界向更加智能、高效、可持续的方向发展。

整体来看，互联网的"加乘幂"反映了互联网发展的三大趋势。

万物互联——互联网不断扩展其连接范围，从人与人到人与物、物与物，最终实现万物互联。这种广泛的连接为数据的收集、分析和应用提供了无限可能。

价值倍增——互联网通过打破信息壁垒、降低交易成本、提高资源利用效率等方式，实现了价值的倍增。同时，它也催生了新的商业模式和服务形态，为经济增长注入了新的动力。

深度变革——互联网不仅仅是一种技术或工具，它更是一种思维方式和生活方式。它正在深刻改变着人们的思考方式、决策方式和生活方式，推动着社会向更加开放、包容、创新的方向发展。

互联网的"加乘幂"全面而深刻地描绘了互联网发展特点和趋势，它不仅是对互联网发展历程的回顾和总结，更是对未来互联网发展的展望和期待。互联网的"加乘幂"是数字技术和经济社会深度融合、双向赋能的过程表现。从"互联网+"到"互联网×"再到未来的"互联网^"，反映了互联网与经济社会发展深度融合、持续聚变的过程。早期，互联网的"+"代表着连接之后的叠加增长；随着数据的积累和技术的进步，数据要素开始成为数字经济的核心驱动力，互联网的"×"则代表着倍增和放大的效应。在不远的未来，随着人工智能等技术的发展，将持续推动互联网的耦合裂变，互联网的"^"则预示着将会释放指数级的辐射力，对经济、政治、社会、文化、生态全面发挥更大的价值。

一切的融合

2023年11月10日，习近平主席在向2023年世界互联网大会乌镇峰会开幕式视频致辞中指出："互联网日益成为推动发展的新动能、维护安全的新疆域、文明互鉴的新平台。"经历了三十年的高速发展，互联网取得了骄人的成就，发挥着举足轻重的作用，也面临着未来发展的挑战。如果把互联网的发展历程比作一段人生路，那么互联网的终极三问"我从哪里来？""我在哪里？""我要到哪里去？"该如何回答呢？不妨把"融合"作为一个答案，互联网既是技术与需求"融合"的产物，也是一切"融合"的起点。

今天的互联网就是技术和需求持续互动融合的结果。在宏观视角下，计算机、通信网络、云计算、人数据等技术的创新和突破，为互联网注入了强大能力，人民群众对于社交、购物、娱乐等美好生活的向往和追求，引领着互联网的创新和升级，二者相互融合，成就了互联网的发展。在微观叙事下，互联网强调的"微创新""敏捷开发""快速迭代""灰度发布"等研发模式，也是技术迎合需求、需求验证技术的"融合"体现。技术的创新为满足新的需求提供了可能，需求的变化又不断引导着技术创新的方向，正是这种互动融合，为互联网带来了持久的活力和竞争力。

立足当下，互联网正在加速融入千行百业。互联网通过数字化基础设施建设，数据的采集、传输、存储和分析，以及在线展示、交易、服务平台建设等方式，深度融入各行各业的生产、管理、服务等众多环节，通过多层次、多维度的技术创新和模式创新，大幅提升产业的运营效率和产品质量，整合产业链资源，重塑价值链体系。互联网正在通过融合千行百业，促进行业技术革新和产业转型升级。

未来，互联网的赋能赋智赋值作用将进一步凸显，在网络强国、数字中国、智慧社会的建设过程中，通过理论创新、技术创新、模式创新、应用创新等创新形式，促进更宽广领域、更深层次的互促融合。

互联网将加速催生产业融合新业态。以往的产业融合，大多受限于传统技术范式和信息壁垒，往往只能通过要素交换、产业链延伸等简单、线性模式，在一两个产业间进行融合。而互联网通过汇聚产业链上下游企业、市场消费者的海量数据，打破原有产业边界；通过数据的交互、融合和挖掘，激发不同市场主体的创新动力；通过将数据要素与资本、劳动力等要素在不同环节、不同层次上进行重组，催生跨界融合的新业态。互联网对第一、第二、第三产业具有极强的渗透性，将以数据驱动、要素重组、

模式创新等方式，持续拓展产业融合的广度和深度，推进三个产业的融合发展。

互联网将全面构建区域融合发展新格局。区域融合着眼于缩小地区差距、发挥比较优势，互联网在此方面具有得天独厚的优势。互联网可以跨地区利用要素、配置资源，通过移植、合作、创新等手段形成现代基础设施体系，从而降低区域对自然历史条件的依赖，超越区域现实发展基础，重构区域经济体系。同时，互联网建立的开放、公平、共享的经济发展新平台，有利于各地区自主、平等地利用外部有利环境和发展机遇，打破地理区位约束，在加快自身发展的基础上，缩小地区间发展差距。此外，互联网提供了跨区域利用资源要素的条件，把世界各种资源合为一体，以更全面、更精准、更及时的状态呈现给生产者和消费者，有利于各地区在全信息环境和融合发展模式下，最大范围地利用资源和最有效地配置资源，从而进一步强化地区比较优势。互联网正在成为推动区域经济发展的新型变量和有力支撑，推动区域经济开放包容和可持续发展。

互联网将深刻改变城乡融合发展面貌。5G、物联网等新一代互联网技术正在通过加速要素流通、共享公共服务等方式，打破城乡边界区隔和空间束缚，使城市发展经验和成果赋能乡村振兴。随着农业数字化转型加速发展，农村将逐步实现金融普惠化、生产智能化、加工自动化、管理标准化、销售电商化，互联网将成为农民手中的"新农具"。互联网正在向乡村政务、教育、医疗、文旅等领域快速延伸，随着"互联网＋村务"、远程智慧教育、远程医疗服务等领域推进和发展，乡村治理水平和生活品质将持续提升。未来，互联网将持续为加速城乡融合发展拓宽路径、为缩小城乡发展差距注入动能。

随着互联网技术的不断演进与普及，我们即将迈入一个深度融合的新时代。未来，互联网不仅仅是一个连接工具，更是深度嵌入到社会生活方方面面、推动社会进步和经济发展的核心引擎。互联网激发的深度融合，将创造出前所未有的商业模式和产业生态，开启智慧生活的新篇章。

全球互联网大发展

在全球化的今天，互联网已是连接世界的重要纽带。未来，中国互联网的发展将更加重视与全球网络的深度融合，积极推动信息基础设施的互联互通、数据的共享、技术的交流，建立一条跨越国际的信息高速公路，让信息的流动不再有国界之分。

数字经济是全球经济增长的新引擎，而中国互联网企业正站在数字经济的风口浪尖，它们如同一群勇敢的探险者，扬帆远航，积极参与全球数字经济的壮丽征程。它们不仅仅是参与者，更是创新者和引领者。借助中国"一带一路"等国家战略，中国各类互联网、信息、通信企业将依托自身资源禀赋，在互联网下一个三十年采取不同的发展和竞争策略，与全球伙伴携手，分享知识、技术、资源，共同应对挑战，抓住机遇，创造一个充满活力、合作共赢的数字经济新时代。这不仅是一场经济的革命，更是一次文明的交流，一次智慧的碰撞，互联网将为全球经济的繁荣注入新的活力，为人类社会的进步贡献新的力量。

互联网不仅是信息传播的渠道，也是文化交流的桥梁，它连接着世界各地的人们，跨越语言和国界的障碍，让不同的文化得以相遇和交融。随着各类虚拟现实技术的应用，将进一步打破信息传播壁垒，破除不同国家和地区的人们的信息茧房，实现更大维度的信息互联互通。未来，全球范围内的文化交融将更加深厚，激发更深层次的文化活力，促进不同文化之间的平等、互信。中国将利用互联网加强与世界各国的文化交流，通过数字内容的共享、网络平台的搭建，展示中国文化的独特魅力，同时促进不同文明之间的对话和合作，共同绘制出一个多元、和谐、共融的世界文化图景，让世界了解一个真实的中国。

随着互联网的深入发展，数字治理成为国际社会共同关注的议题。中国将积极参与国际数字治理，发挥在数字技术、网络文化、经济发展等方面的优势，为全球数字治理贡献中国智慧和中国方案。中国将与国际伙伴一道，制定规则，解决争端，保护数据安全，推动建立多边、透明的全球数字治理体系，促进信息自由流动，

推动构建一个更加开放、包容、共享的网络空间，确保每个国家在数字世界中都能享有平等的权利和机会。我们有理由相信，在不久的将来，将会见到一个更加公正、合理、高效的全球数字治理体系。

网络安全——一个在数字时代愈发凸显的全球性问题，正如同一场没有硝烟的战争，挑战着每一个国家的智慧与决心。中国，作为这场战争中的一支重要力量，正在积极地伸出合作之手，与世界各国共同筑起一道抵御网络威胁的坚固防线。面对网络攻击和数据泄露这些不断演变的威胁，中国将与国际社会共同制定网络安全标准，建立跨国的应急响应机制，编织一张巨大的保护网，确保每一条信息流的安全，共创一个更加安全、稳定、繁荣的网络世界，让互联网时代的海洋永远波澜壮阔，星光璀璨。

互联网精神必将永存

本书从多个视角阐述了互联网三十年来波澜壮阔的发展史，包括互联网技术、互联网基建、互联网产业、

互联网生活……由此可见，互联网已经充分渗透交融到人类文明史的发展进程中。三十年，在漫长的人类文明史发展进程中似乎是一个很小的时间尺度。那么再过三十年，互联网还会存在吗？或者说互联网将会以何种方式继续存在于人类文明史中？

单从时间长短而言，三十年放在人类文明史中确实很短。但随着当今各类新型科学技术的快速发展，人类社会的演进速度越来越快，三十年已经成为一个很长的时间跨度，长到我们无法想象三十年以后的人类社会是什么样子。可以确定的是，三十年之后，人类在信息技术、基础设施、生活方式、生产方式等方面必将发生"科幻级"的进阶与变化，之前人类在科幻小说、科幻影片中的立下的誓言或将一一实现，甚至还会超出当今科幻作家们的想象。但不确定的是，具体会发生哪些变化？

三十年之后，作为一种信息技术的互联网，或许会被一种新型的信息技术取代；作为一种基础设施的互联网，或许会被一种新型的基础设施取

代。人们也不再谈论互联网生活、互联网产业，互联网只是作为一个历史词汇存在于历史教科书与博物馆中。如此看来，三十年以后，也许三十年以内，互联网就不存在了，而且从人类文明史进程中退出。

然而，回首中国互联网三十年的发展进程，互联网不仅仅是一种技术、一种设施、一种生活抑或是一个产业，互联网精神的核心是"开放、协作、共享、创新、包容与责任，互联网更是一种精神"。

开放。几千年的人类文明发展史告诉我们，封闭必然走向保守与落后，开放带来革新与进步。

协作。人类作为一种社会性动物，具有开展超大规模分工协作的能力，这是其相比其他动物的一大强项，甚至可以说是人类的安身立命之本。

共享。基于知识成果共享的开源协作是互联网时代的一种新型活动，大幅提升了技术革新的速度，没有共享作为支撑的协作是干枯的。

创新。互联网的发展史不仅是技术的创新史，更是新业态、新模式的创新探索，求新求变是互联网人的本色，所以我们要创新。

包容。创新之路不是鲜花遍地，而是布满荆棘，我们在探索之路上难免犯错，对于错误要包容，进步之路往往孕育于错误之中。

责任。互联网的发展在带来诸般益处的同时，也带来了新的风险与挑战，所以责任是互联网精神不可或缺的底色。未来各种新技术的发展给人类社会带来诸多不确定性，因此，对责任的强调将愈发不可或缺。

互联网精神是人类一笔宝贵的精神财富，具有很强的时空穿透性，我们相信三十年之后，互联网精神将继续存在于人类文明史的发展进程中，推动人类创造新的奇迹，书写新的篇章。

Postscript
后记

在构思本书之初，我们面临着不少困扰：在"人工智能+""新质生产力""网络强国""算力网络"等热词层出不穷的今天，我们到底要不要选择关注度较低、已发展三十年的互联网作为主题？现如今，继续研究互联网到底还有没有价值？难道仅仅因为今年是它诞生的三十周年，我们就要研究它？带着这些疑问，我们翻阅了大量资料，逐渐梳理出我国从互联网初创期的艰辛探索，到后来的迅猛发展，直至成为全球互联网大国的壮丽篇章。问题的答案似乎也跃然纸上：互联网不仅是我国高速发展的见证者，也是全球进步的关键动力，它在成长过程中的经验教训和精神内涵，是人类共同的宝贵财富。

本书全面回顾互联网的发展轨迹，从起源、接入、基建、产业、生活、治理到安全，全方位展现其从无到有、由小到大的辉煌历程。我们多角度剖析、探讨其对社会的影响和时代的意义，每一个章节都凝聚了我们对互联网发展的深刻洞察。希望通过这本书，激发读者对科技发展的思考，对社会进步的期待，以及对未来世界的无限憧憬，为互联网的健康发展贡献我们的一份力量。

互联网的故事仍在继续，它的进步永无止境。我们期待与所有关心和支持互联网发展的人士一道，见证并参与这个伟大时代的每一次飞跃。我们坚信，未来的互联网将更加智能、便捷、安全、可靠，将继续在社会进步中扮演重要角色。让我们共同期待，下一个三十年，中国互联网将续写更多辉煌，为全球互联网的发展贡献更多中国智慧和中国方案。

在此，我们要感谢各位领导的精心指导，不仅为本书定下了明确的方向和基调，还提供了宝贵的见解和建议。感谢每一位撰稿人的辛勤付出，

使得本书得以丰富而完整地呈现在各位读者面前。感谢人民邮电出版社王建军、赵娟等编辑的细致审查和专业建议，确保了本书的顺利出版。还要感谢所有支持和关注本书的读者，是你们的热情和期待，让我们勇往直前。

　　本书系统梳理互联网三十年来时路，沿途拾珠，仍觉得仅窥见复杂过程之一角，同时由于知识、经验、时代的局限，书中难免存在不足之处，恳请广大读者批评指正，提出宝贵意见和建议。愿这本书成为我们共同探索互联网世界的一扇窗，激发更多思考与讨论，深化我们对互联网未来的想象。让我们怀揣对未来的憧憬，继续在网络时代中砥砺前行，拥抱变革，共同创造一个更加美好的明天。

References

参考文献

1. .M.Turing.Computing Machinery and Intelligence[J].Mind.1950 (59)：(433-460) .

2. 甘晓 . 中国从此 "有了" 计算机 [N]. 中国科学报，2024-4-2.

3. 吴晓波 . 腾讯传 [M]. 杭州：浙江大学出版社，2017.

4. 张书乐 . 联众：巨头的回归 [J]. 销售与市场（管理版），2015（11）：88-89.

5. 闫伊乔 . 拓宽教学边界 共享优质资源 [N]. 人民日报，2024-05-15（007）.

6. 钱尚志，顾广仁，汤博阳 . 长途干线光缆网三十年建设和技术发展辉煌 [J]. 现代传输，2011 (4)：34-39.

7. 汤博阳 . "八纵八横" 干线网筑起中国通信业的脊梁 . 数字通信世界 [J].2008(12)：17-22.

8. 李勇坚 . 中小企业数字化转型：理论逻辑、现实困境和国际经验 [J]. 人民论坛·学术前沿，2022 (18):37-51.

9. 欧阳日辉 . 数实融合的理论机理、典型事实与政策建议 [J]. 改革与战略，2022，38(5):1-23.

10. 李晓华 . 制造业的数实融合：表现、机制与对策 [J]. 改革与战略，2022,38(5):42-54.

11. 安筱鹏 . 重构：数字化转型的逻辑 [M]. 北京：电子工业出版社，2019.

12. 中国信通院 . 中国数字经济发展报告（2023 年）[R].2023.

13. 克劳斯·施瓦布 . 第四次工业革命 [M]. 世界经济论坛北京代表处，李菁译 . 北京：中信出版社，2018.

14. 洪银兴，任保平 . 数字经济与实体经济深度融合的内涵和途径 [J]. 中国工业经济，2023 (2):5-16.

15. Acemoglu D, Restrepo P. The Race between Man and Machine: Implications of Technology for Growth, Factor Shares, and Employment[J]. American Economic Review,2018 (108):1488-1542.

16. 陈雨露 . 数字经济与实体经济融合发展的理论探索 [J]. 经济研究，2023，58(9):22-30.

17. 中共中央党史和文献研究院 . 习近平关于网络强国论述摘编 [M]. 北京：中央文献出版社出版 .2021.

附录：中国互联网三十年
典型事件与关键数据

互联网基础设施

1994 年，"八纵八横"光缆传输骨干网首次在邮电部《全国邮电"九五"计划纲要》被提出。

1995—1996 年，中国科技网（CSTNET）、中国公用计算机互联网（CHINANET）、中国教育和科研计算机网（CERNET）、中国金桥信息网（GENET）四大骨干网络开通。

2000 年，中国提出的 TD-SCDMA 标准被采纳成为国际 3G 三大主流标准之一；"八纵八横"光缆骨干网全部建成投产。

2004 年，武汉建成国内首个光纤到户技术试点工程，开启了"光纤入户"的商业化运行。

2005 年，中国网民数量突破 1 亿。

2008 年，中国网民规模首次超越美国；中国移动宣布在北京、上海等地正式启动 TD-SCDMA 网络的试商用，并在 2008 年北京奥运会上亮相使用。

2009 年，工业和信息化部为 3 家电信运营商发放第三代移动通信（3G）牌照。

2012 年，手机网民规模快速扩大，约为 4.2 亿，首次超过计算机网民数量。

2013 年，国务院发布"宽带中国"战略实施方案；工业和信息化部向 3 家电信运营商颁发"LTE/ 第四代数字蜂窝移动通信业务（TD-LTE）"经营许可。

2017 年，工业和信息化部发布《关于全面推进移动物联网（NB-IoT）建设发展的通知》。

2019 年，工业和信息化部批准 4 家电信运营商经营"第五代数字蜂窝移动通信业务"。

2020 年，"加强新型基础设施建设"首次写入政府工作报告中。

2022 年，"东数西算"工程正式全面启动；移动物联网连接数已达 16.98 亿，首次超出代表个人连接的移动电话用户数。

2023 年，国内百度的文心一言、阿里巴巴的通义千问等 AI 大模型争相涌现。

互联网服务生活

1996—1998 年，人民网、网易、搜狐、新浪成立。

1999 年，腾讯发布聊天工具 OICQ，后更名为腾讯 QQ，开启中国网络社交先河。

2000 年，中国移动推出"移动梦网"，开启移动用户 WAP 上网新模式。

2001 年，百度搜索引擎发布，开启资讯获取新模式。

2002 年，盛大网络代理《传奇》上线，开启国内网游市场的新篇章。

2003 年，阿里巴巴上线 C2C 平台淘宝网，并推出第三方支付工具支付宝。

2004 年，　酷狗音乐上线，成为中国最早的在线音乐平台之一。同年，移动彩铃迎来市场爆发。

2006 年，　优酷网和酷 6 网等国内视频网站纷纷成立，开启网络视频新纪元。

2009 年，　淘宝首次试水线上大促"双 11"，创造了单日 5000 万元的销售佳绩。

2010 年，　新浪微博、腾讯微博迅速崛起，开启社交媒体新模式。

2011 年，　微信上线。团购平台掀起"千团大战"，O2O 进入快速发展期。

2014 年，　ofo 成立，在校园开启共享单车出行新模式。滴滴、优步等打车平台快速培养用户习惯，网约车逐步成为主流出行方式。

2015 年，　直播开始兴起，映客直播和花椒直播等平台上线。

2017 年，　短视频爆发，形成"南抖音、北快手"的市场格局。

互联网服务产业

2001 年，　《信息产业"十五"计划纲要》提出以信息技术带动经济增长和产业结构升级。

2002 年，　党的十六大提出优先发展信息产业。

2006 年，　《中华人民共和国国民经济和社会发展第十一个五年规划纲要》提出以信息化推动制造业升级。

2007 年，　党的十七大提出两化融合。

2012 年，　党的十八大提出推动信息化和工业化深度融合。

2014 年，　中央网络安全和信息化领导小组第一次会议提出，努力把我国建设成为网络强国；海尔、三一重工、徐工等多家知名企业纷纷投身工业互联网平台。

2015 年，　"互联网 +"上升为国家战略。

2016 年，　G20 杭州峰会首次提出数字经济；互联网企业纷纷"出海"，将业务版图拓展至海外。

2017 年，　党的十九大提出推进互联网、大数据、人工智能和实体经济深度融合。

2019 年，　党的十九届四中全会首次将"数据"增列为生产要素；5G 专网开始在垂直行业应用和普及。

2022 年，　党的二十大提出促进数字经济和实体经济深度融合。

2023 年，　中共中央、国务院印发规划，提出数字中国建设的整体框架，标志着数字经济被放到更重要的位置。

互联网支撑政府治理

1993 年，我国全面启动"三金工程"，我国政府信息化正式起步。

1999 年，"政府上网工程"正式启动，各级政府站点逐步成为便民服务的"窗口"。

2002 年，国家信息化领导小组正式将电子政务建设作为下一个时期我国信息化工作的重点，政府先行，带动国民经济和社会发展信息化。

2008 年，《国家电子政务总体框架》明确要求，到 2010 年，覆盖全国的统一的电子政务网络基本建成，50%以上的行政许可项目能够实现在线处理。

2013 年，《关于加强和完善国家电子政务工程建设管理的意见》指出，电子政务建设要从过去注重业务流程电子化、提高办公效率，向更加注重支撑部门履行职能、提高政务效能、有效解决社会问题转变。

2015 年，《促进大数据发展行动纲要》要求各级政府加快数据开放共享，丰富面向公众的信用信息服务，提高政府服务和监管水平；全国统一的国家电子政务外网已初步建成，横向连接了 118 个中央单位和 14.4 万个地方单位，纵向基本覆盖了中央、省、地、县四级，承载了 47 个全国性业务系统和 5000 余项地方业务系统。

2017 年，《"十三五"国家政务信息化工程建设规划》要求到"十三五"末，政务数据共享开放，支撑国家治理创新取得突破性进展，形成线上线下融合的公共服务模式。

2018 年，国务院办公厅发文明确"互联网＋政府服务"的具体落地方案，重点强调了落实"一网通办""只进一扇门""最多跑一次"的具体措施。

2019 年，党的十九届四中全会首次提出数字政府概念，从目标、功能、条件、要素和方式 5 个方面，提出了政府利用信息化手段提高履职能力的方向。

2020 年，党的十九届五中全会再提数字政府，将数字政府作为数字化发展的三大支柱之一，进一步提升了数字化转型中数字政府建设的地位。

2021 年，"十四五"规划要求进一步提高数字政府建设水平，推动政府治理流程再造和模式优化，不断提高决策科学性和服务效率；我国一体化政务服务和监管效能大幅度提升，"一网通办""最多跑一次""一网统管""一网协同"等服务管理新模式广泛普及，数字营商环境持续优化，在线政务服务水平跃居全球领先行列。

2022 年，《关于加强数字政府建设的指导意见》提出了 2025 年和 2035 年数字政府建设目标；我国电子政务在线服务指数全球排名提升至第 9位，超 90% 的省级行政许可事项实现网上受理和"最多跑一次"，平均承诺时限压缩超过一半。

2023 年，《数字中国建设整体布局规划》印发，指出数字治理体系更加完善，要求到 2025 年，政务数字化智能化水平明显提升，数字治理体系更加完善。

网络安全

1996 年，　国务院信息化工作领导小组成立。

1997 年，　全国信息化工作会议首次召开。

1998 年，　首例 CIH 病毒席卷全球。

2001 年，　中国互联网协会成立；党中央在《推动我国信息网络快速健康发展》提出"积极发展、加强管理、趋利避害、为我所用"方针，"努力在全球信息网络化的发展中占据主动地位"。

2005 年，　国家信息技术安全研究中心成立。

2006 年，　中国互联网协会反恶意软件协调工作组确认了"恶意软件"的定义，列举了其具体表现形式，并发布《抵制恶意软件自律公约》。

2007 年，　"熊猫烧香"病毒肆虐网络，其制作者被湖北省公安厅抓捕，这是中国警方破获的首例计算机病毒大案。

2008 年，　奇虎 360 推出免费杀毒服务，技术升级为"云端查白"。

2010 年，工业和信息化部调停"3Q 大战"。

2011 年，　国家互联网信息办公室成立，《规范互联网信息服务市场秩序若干规定》发布，明确"恶意不兼容条款"。

2012 年，　《全国人民代表大会常务委员会关于加强网络信息保护的决定》通过，旨在保护公民电子信息安全。

2013 年，　《中共中央关于全面深化改革若干重大问题的决定》提出"积极利用、科学发展、依法管理、确保安全"方针。

2014 年，　中央网络安全和信息化领导小组第一次会议提出"把我国从网络大国建设成为网络强国"。

2015 年，　第二届世界互联网大会举办，我国提出"构建网络空间命运共同体"，以及"四项原则、五点主张"。

2016 年，　成立信息技术应用创新工作委员会；《中华人民共和国网络安全法》通过。

2016 年，　国家互联网信息办公室发布《国家网络空间安全战略》。

2018 年，　《全国网络安全和信息化工作会议》提出"创新发展、依法治理、保障安全、兴利除弊、造福人民"方针。

2019 年，　《中华人民共和国密码法》出台，规范密码应用和管理，保障网络与信息安全。

2021 年，　《中华人民共和国数据安全法》出台，是我国首部有关"数据安全"的上位法律和专门立法；《中华人民共和国个人信息保护法》出台，是国内首部个人信息保护方面的专门法律。

2022 年，　《中华人民共和国反电信网络诈骗法》出台，是国内首部打击电信网络诈骗活动的专门法律；工业和信息化部、公安部等部门出台《关键信息基础设施安全保护条例》。

2023 年，　网络安全和信息化工作会议提出"十个坚持"重要原则及五大使命任务。